卓越工程师教育培养计划配套教材

现代工程设计图学 习题集

徐滕岗 夏超文 编著

清华大学出版社
北京

U0423541

内 容 简 介

本习题集与《现代工程设计图学》教材配套使用。习题的编排次序与教材体系一致,适用于高等工业学校各专业的教学,也可供自考、函授、夜大等成人高校使用。按照本课程的教学基础要求,本书的习题和作业有一定的余量,使用时可按教学实际情况选用。

图书在版编目(CIP)数据

现代工程设计图学习题集/徐滕岗,夏超文编著.--北京:清华大学出版社,2013(2024.8重印)
卓越工程师教育培养计划配套教材.工程基础系列
ISBN 978-7-302-33393-7

Ⅰ.①现… Ⅱ.①徐… ②夏… Ⅲ.①工程制图-高等学校-习题集 Ⅳ.①TB23-44

中国版本图书馆 CIP 数据核字(2013)第 179453 号

责任编辑:庄红权
封面设计:傅瑞学
责任校对:王淑云
责任印制:杨 艳

出版发行:清华大学出版社
  网 址:https://www.tup.com.cn,https://www.wqxuetang.com
  地 址:北京清华大学学研大厦 A 座   邮 编:100084
  社 总 机:010-83470000   邮 购:010-62786544
  投稿与读者服务:010-62776969,c-service@tup.tsinghua.edu.cn
  质量反馈:010-62772015,zhiliang@tup.tsinghua.edu.cn
印 装 者:天津安泰印刷有限公司
经 销:全国新华书店
开 本:370mm×260mm   印 张:13.5
版 次:2013 年 8 月第 1 版   印 次:2024 年 8 月第 12 次印刷
定 价:39.80 元

产品编号:050595-03

前　　言

　　工程设计图学是工程类学生必修的专业技术基础课程。近 10 多年来，随着教学改革的不断推进，工程图学的教学也在不断地发生着变化。但是，工程图学教学的基本目的没有变，即培养工科大学生的想象思维和设计表达能力，同时让学生了解工程设计的基本概念与工程设计过程。

　　我校卓越工程师培养计划的目标是将学生培养成具备扎实的工程基础理论、比较系统的专业知识、较强的工程实践能力、良好的工程素质和团队合作能力，具有创新精神、责任意识和比较开阔的国际视野，适应现代工业产业发展需要，能够在企业生产一线和产品开发现场工作的卓越工程师。为了满足新的教学需求，本习题集与其相应的新教材配套使用，体现了我校产学合作的特色，习题的选择尽量贴近企业产品，紧密结合生产实践。习题集由易到难，循序渐进，通过练习使学生能很好地消化及掌握教学内容，使学生能尽早熟悉工程专业，更快适应工作岗位。

本习题集的特点是：

■　体现产学合作办学特色，重视产学结合，加强实践，与《现代工程设计图学》教材配套使用。

■　题型紧密结合生产实践，由易到难，循序渐进，通过练习使学生能很好地消化及掌握教学内容。

■　保持了本课程原有的体系和系统性，设置了相当数量和一定深广度的练习题，注重学生空间想象力的培养。

■　注重组合体画图与读图的训练和培养，并补充构型训练内容，着力加强读图分析训练。

■　保持了基础学科与专业知识相结合的特点，选用相应专业的简单案例，让学生在基础学科学习的过程中了解专业知识。

■　强调对学生的创新实践能力培养，使学生的动手实践能力得到锻炼和提高。

　　本习题集与唐觉明老师主编的《现代工程设计图学》一书配套使用，其编排次序与教材体系基本一致。本书适用于高等院校工科各专业的教学，也可供自考、函授、夜大等成人高校的上述专业使用。考虑到保证本课程教学基础要求的不同，习题和作业有一定的余量，使用时可以按教学实际情况选用。习题集中所有概念题部分由唐觉明老师提供。

　　由于作者水平有限，时间仓促，书中会有许多缺点和不当之处，请广大读者不吝赐教。

编者

2013.7

目　　录

第1章 制图基础知识

1-1 制图基础知识（1）

班级　　　　　　　姓名
学号

一、填空题

1.我国于_____年发布的现行有效的《技术制图图纸幅面和格式》国家标准规定，绘制图样时，应优先采用代号为_____至_____的基本幅面，共_____种。最小一号图纸是_____。

2.在图纸上应用_____线画出图框，其格式分为_____和_____两种，但同一种产品的图样只能采用一种格式。

3.国家标准规定，标题栏位置应位于图纸的_____，在此情况下，看图的方向与看标题栏的方向一致。为利用预先印制的图纸及便于布置图形，允许将A4图纸的长边水平放置，≥A3的图纸的短边水平放置。此时，应使标题栏位于图纸的_____，并应在图纸下边的_____符号处画出一个_____符号。

4.为了使图样复制和缩微摄影定位方便，均应在图纸各边长的中点处分别画出对中符号，对中符号用_____线绘制，长度从纸边界开始至伸入图框内约_____mm。

5.预先印制的图纸一般应具有_____、_____和_____三项基本内容。

6.《技术制图比例》国家标准规定，比例是指_____与其_____相应要素之比。比例分_____比例、_____比例和_____比例三种。

7.《技术制图字体》国家标准规定，字体高度的公称尺寸系列为_____种。字体的号数就是指字体的_____。

8.汉字应写成_____字，汉字的高度不应小于_____mm，其字宽一般为_____。

9.机件的大小应以图样上所注的_____为依据，与图形的_____及绘图的_____无关。

10.标注尺寸时，_____不可被任何图线所通过，否则应将图线断开。

11.线性尺寸的数字一般应注写在尺寸线的_____，也允许注写在尺寸线的_____处。位置不够时，尺寸数字也可_____。

12.标注尺寸的三要素是_____、_____和_____，其中_____表示尺寸的大小，_____表示尺寸的方向，而_____则表示尺寸的范围。

13.标注角度时，角度的数字一律写成_____方向，一般注写在尺寸线的_____处，必要时可写在尺寸线的_____或_____，也可以_____。

14.尺寸线用_____线绘制。标注线性尺寸时，尺寸线应与所注的线段_____。

15.当对称机件的图形只画出一半或略大于一半时，尺寸线应略超过_____线或_____线，此时仅在尺寸线的一端画出箭头。

16.尺寸界线用_____线绘制，并应从图形的轮廓线、_____线或_____线处引出，也可利用这三种线作尺寸界线。

17.在光滑过渡处标注尺寸时，应用_____线将轮廓线延长，再从它们的_____处引出尺寸界线。

18.标注剖面为正方形结构的尺寸时，可在正方形边长尺寸数字前加注符号"_____"或用"_____"(正方形的边长用B表示)注出。标注板状零件的厚度时，可在尺寸数字前加注符号"_____"。

19.对不连续的同一表面，可用_____线连接后标注_____次尺寸。

20.现行的机械制图用线型中，粗线有三种，它们分别是：_____线、_____线和_____线，其余均为细线。

21.根据标题栏的方位和看图方向的规定，下列十种图幅格式中有六种格式是错误的，它们分别是_____。

二、选择题(每题只选一个答案，将所选答案的编号填入括弧中)

1.为了利用预先印制的图纸，若将A3幅面的图纸短边置于水平位置使用，此时，看图方向为：……………………………………………………………………（　）
　　A.应与看标题栏的方向一致；　B.应将方向符号置于图纸下边进行看图；
　　C.上述两种看图方向均符合国家标准规定。

2.绘制指示看图方向的方向符号时应采用：……………………………………（　）
　　A.粗实线；　B.细点画线　C.细实线；　D.细虚线。

3.图样不论放大或缩小绘制，在标注尺寸时，应标注：…………………………（　）
　　A.放大或缩小之后的图形尺寸；　B.机件的实际尺寸；　C.机件的设计要求尺寸。

4.断裂画法的断裂处边界线的选用：……………………………………………（　）
　　A.只能选波浪线；　　　B.只能选双折线；
　　C.只能选细双点画线；　　D.可视需要选A，B，C。

5.产品图样中所标注的尺寸，未另加说明时，则指所示机件的：………………（　）
　　A.最后完工尺寸；　　B.原坯料尺寸；
　　C.加工中尺寸；　　　D.参考尺寸。

6.在图样中标注机件的尺寸时，每一个尺寸：…………………………………（　）
　　A.只能标注一次；　B.一般只标注一次，必要时可重复标注；　C.无规定。

7.标注尺寸时，尺寸界线与尺寸线之间的关系为：……………………………（　）
　　A.两者只需相接；　B.两者必须垂直，且尺寸界线略过尺寸线；
　　C.两者一般情况下垂直，尺寸界线应略超过尺寸线，特殊情况下也可以不垂直。

8.图样上标注线性尺寸时，尺寸线：……………………………………………（　）
　　A.可以用其他图线代替；　B.不能用其他图线代替；
　　C.可与其他图线重合；　　D.可画在其他图线的延长线上。

9.标注尺寸时，出现平行并列的尺寸，应使：…………………………………（　）
　　A.较小的尺寸靠近视图，较大的尺寸应依次向外分布；
　　B.较大的尺寸靠近视图，较小的尺寸应依次向外分布；
　　C.为方便标注，较小或较大的尺寸靠近视图都可以。

1

| 1-1 制图基础知识（2） | 1-2 几何作图基础知识 | 班级 学号 | 姓名 |

1-1 制图基础知识（2）

三、是非题(正确的画"○"，错误的打"×")

1.图纸的幅面代号、图样代号和图号均为同一概念。…………………………（　）

2.绘制图样时应优先采用五种基本幅面，其中最大一号幅面为A1。…………（　）

3.同一种产品的图样只能采用一种图框格式。…………………………………（　）

4.为利用预先印制的图纸及便于布置图形，允许将A3幅面图纸的短边水平放置，但应使标题栏位于图纸的左下角。……………………………………………………………（　）

5.为了明确绘图与看图的方向，必须在各种图纸幅面下边的对中符号处画出一个方向符号。………………………………………………………………………………………（　）

6.比例是指实物与其图形相应要素的线性尺寸之比。…………………………（　）

7.在较小的图形上绘制细点画线有困难时，可用细实线代替。………………（　）

8.机件的大小要求应以图样上所注的尺寸数值为依据，与图形的大小及绘图的准确度无关。………………………………………………………………………………………………（　）

9.尺寸数字与图线相交时，只要能看清数字，图线可通过数字，若尺寸数字看不清楚，应将图线断开。……………………………………………………………………………………（　）

10.机件的每一尺寸，只能标注一次，并应标注在反映该结构最清晰的图形上。…（　）

11.标注尺寸的三要素是尺寸数字、尺寸界线和箭头。…………………………（　）

12.尺寸线不能用其他图线代替，一般也不得与其他图线重合或画在其延长线上。……（　）

13.标注角度时，尺寸线应画成圆弧，其圆心是该角的顶点。…………………（　）

14.标注线性尺寸时，尺寸线一般与所注的线段平行。但为了方便标注，尺寸线亦可与所注的线段不平行。………………………………………………………………………………（　）

15.标注参考尺寸时，应在尺寸数字上方注写符号"⌒"。………………………（　）

16.现行国家标准规定，标注板状零件厚度时，可在尺寸数字的前面加注符号"d"。……（　）

17.标注平行并列的尺寸时，应使较大的尺寸靠近视图，较小的尺寸依次向外分布。（　）

18.细双点画线用作断裂画法时，只能适用于中断处。…………………………（　）

19.当按看标题栏的方向看图时，标题栏的长边一律水平放置。………………（　）

20.各种图样的标题栏中必须给出该图样所采用的比例。………………………（　）

21.细双点画线和双折线不能单线使用，只能用于中断处。……………………（　）

22.粗点画线和粗虚线的应用场合完全一致。……………………………………（　）

23.以"GB/T"形式发布的标准不是正式标准，不一定必须执行。………………（　）

24.绘制图样时，可根据实际需要任意确定比例，如选择比例1∶8.5。…………（　）

1-2 几何作图基础知识

一、填空题

1.圆弧连接的作图步骤可归结为：先求连接圆弧的＿＿＿＿＿＿＿；再找出连接点即＿＿＿＿＿＿＿的位置；最后连接而成。

2.平面图形中的线段(直线或圆弧)按所给定的条件一般分为三类：已知线段、＿＿＿＿＿＿＿线段和＿＿＿＿＿＿＿线段。画平面图形时，必须首先进行尺寸分析和线段分析，按先画已知线段，再画＿＿＿＿＿＿＿线段，最后画＿＿＿＿＿＿＿线段的顺序依次进行。

3.斜度可理解为一直线(或平面)相对于另一直线(或平面)的＿＿＿＿＿＿＿＿＿＿，其符号是＿＿＿＿＿＿＿＿＿＿，该符号的线宽为＿＿＿＿＿＿＿＿＿＿(h为图样中字体高度)，符号的两线交成＿＿＿＿＿＿＿＿＿＿。高度与图样中＿＿＿＿＿＿＿＿＿＿一致。符号的方向应与＿＿＿＿＿＿＿＿＿＿方向一致。

4.对于圆锥台而言，锥度是指＿＿＿＿＿＿＿＿＿＿＿＿与＿＿＿＿＿＿＿＿＿之比。锥度符号是＿＿＿＿＿＿＿＿＿＿，符号的线宽为＿＿＿＿＿＿＿＿＿＿(h为图样中字体高度)，符号的方向应与＿＿＿＿＿＿＿＿＿＿＿＿＿＿＿方向一致。

二、选择题(每题只选一个答案，将所选答案的编号填入括弧中)

1.图样中绘制斜度及锥度符号时，其线宽为：……………………………（　）

A. $h/4$ (h为字体高度)；　　B. $h/10$；

C. $d/2$ (d为粗实线线宽)；　　D. $d/3$。

2.图样中标注锥度时，其锥度符号应配置在：……………………………（　）

A. 基准线上；　B. 指引线上；　C. 轴线上；　D. A、B均可。

3.以下斜度的四种标注中哪一种是正确的?…………………………………（　）

三、是非题(正确的画"○"，错误的打"×")

1.表示锥度的图形符号和锥度数值应靠近圆锥轮廓标注，基准线应通过指引线与圆锥的轮廓素线相连。基准线应与圆锥的轴线平行，图形符号的方向应与锥度方向一致。…………………………………………………………………………………………………（　）

2.每个平面图形中均有三个方向的主要尺寸基准。………………………（　）

3.确定图形中各结构要素位置的尺寸称为定位尺寸。……………………（　）

4.锥度符号的高度应比图样中字体高度小一号。…………………………（　）

班级
学号

姓名

要求:

(1)按左图尺寸用1:1的比例将图形绘制在A3图纸上。图中带括号的尺寸为图形定位尺寸,这类尺寸不需要标注在图形上;

(2)两个图形都要求标注尺寸。

提示:

(1)画底稿时,应先画已知线段,再依次画中间线段和连接线段。底稿图线要画得细、淡且准确,特别是圆心和切点位置要正确,保证光滑连接;

(2)加深前,应认真校对底稿、修正错误,并擦净多余线条和污垢;

(3)加深时,应先画圆和圆弧后画直线。虚线、细实线和点画线等用H或2H铅笔;粗实线可用HB铅笔;圆及圆弧则用B或2B笔芯。

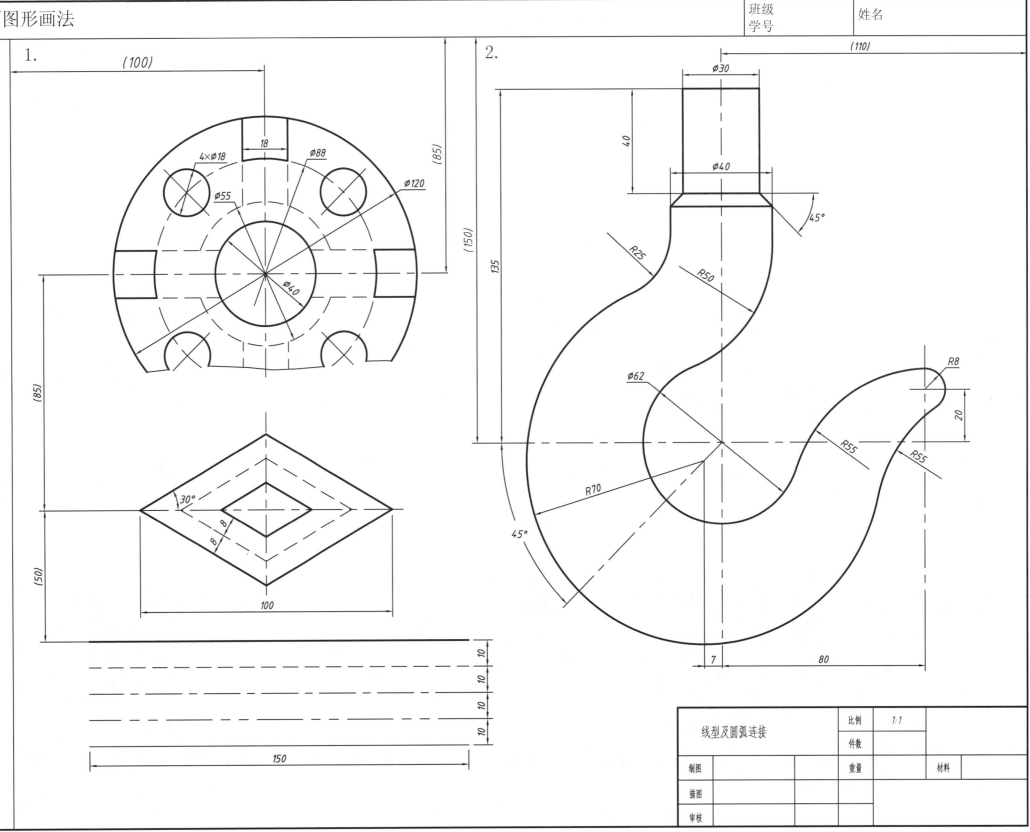

线型及圆弧连接	比例	1:1		
	件数			
制图		重量		材料
描图				
审核				

班级
学号　　　姓名

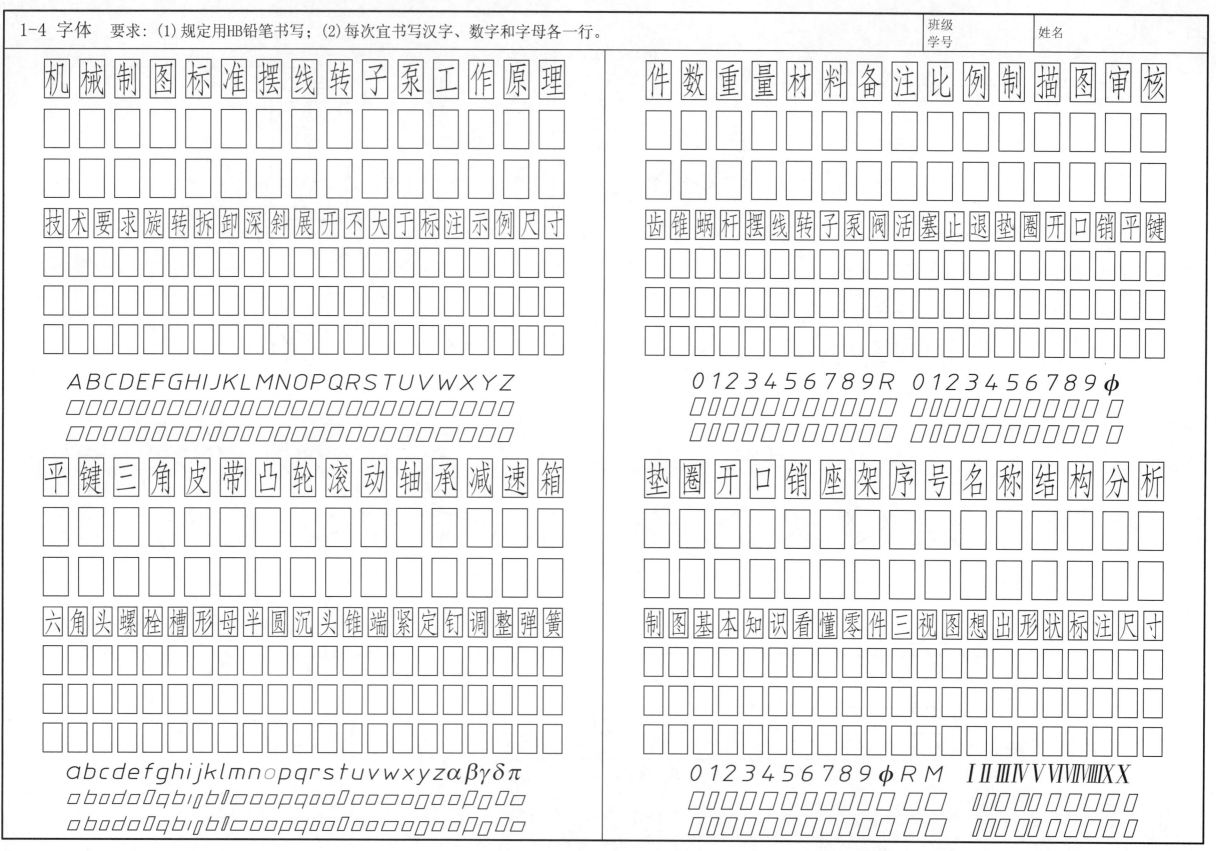

机械制图标准摆线转子泵工作原理

件数重量材料备注比例制描图审核

技术要求旋转拆卸深斜展开不大于标注示例尺寸

齿锥蜗杆摆线转子泵阀活塞止退垫圈开口销平键

ABCDEFGHIJKLMNOPQRSTUVWXYZ

0123456789R 0123456789φ

平键三角皮带凸轮滚动轴承减速箱

垫圈开口销座架序号名称结构分析

六角头螺栓槽形母半圆沉头锥端紧定钉调整弹簧

制图基本知识看懂零件三视图想出形状标注尺寸

abcdefghijklmnopqrstuvwxyzαβγδπ

0123456789φRM ⅠⅡⅢⅣⅤⅥⅦⅧⅨⅩ

班级
学号

姓名

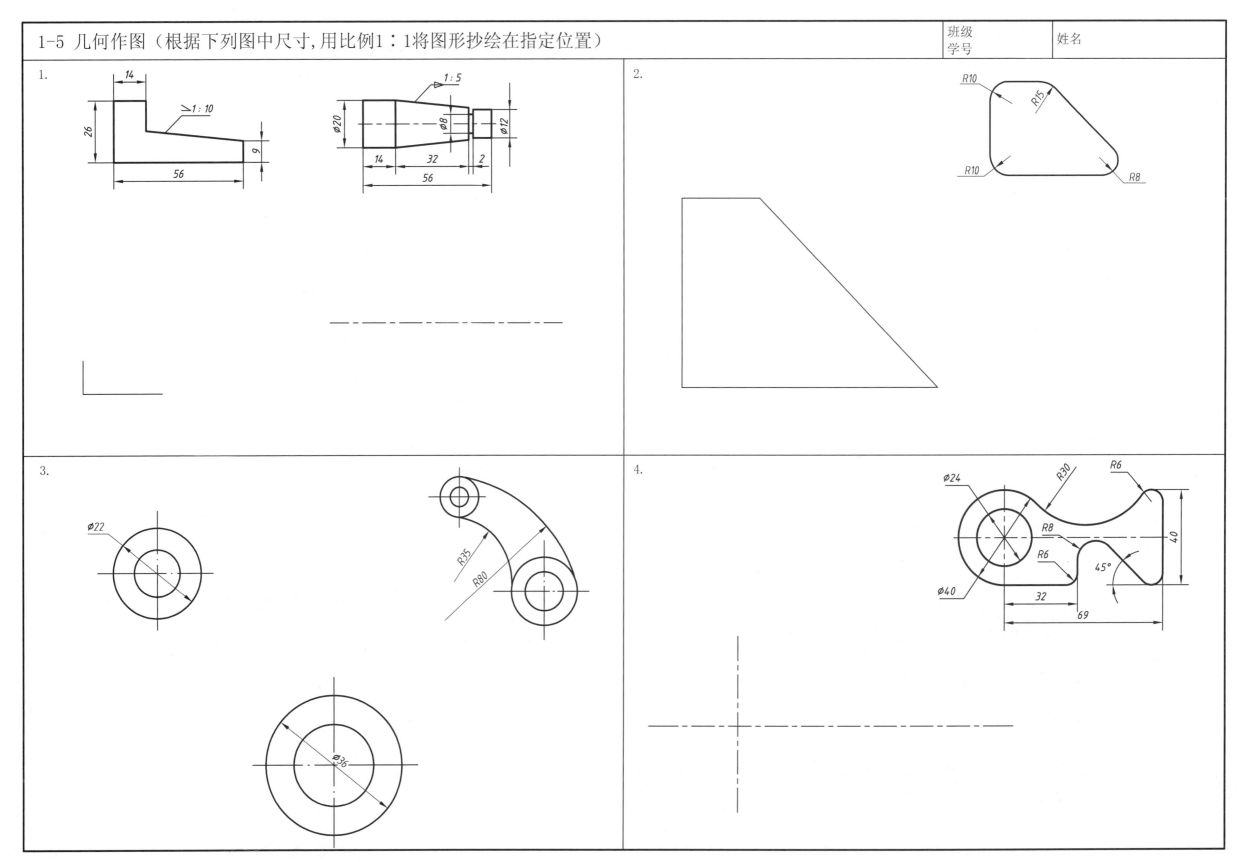

1.

2.

3.

4.

第2章 点、线、面及基本体的投影

2-1 点、线、面及基本体的投影	班级 学号	姓名

一、填空题

1.三视图之间的"三等"关系是指：主视、俯视和_____；主视、左视和

_____；俯视、左视和_____ 。

2.投射线汇交一点的投影法(投射中心位于有限远处)称为_____法；投射线相互

平行的投影法(投射中心位于无限远处)称为_____法；投射线与投影面相垂直的平

行投影法称为_____法，根据该法所得到的图形称为_____；投射线与

投影面相倾斜的平行投影法称为_____法，根据该法所得到的图形称为

_____。

3.投影面垂直面中，正垂面在_____面上的投影积聚为一条直线，同时反映该

面与_____面和_____面的倾角。

4.国家标准规定，技术图样应采用_____法绘制，并优先采用_____

画法。

5.投影面垂直线中，侧垂线在_____面上的投影积聚为一点，同时它在

_____投影面和_____投影面上的投影反映实长。

6.已知两点$A(20，30，10)$，$B(30，20,15)$，则B点在A点的_____、_____、_____方。

7.在点的投影中，点到H面的距离等于_____坐标，点到W面的距离等于

_____坐标。

二、选择题(每题只选一个答案，将所选答案的编号填入括弧中)

1.机械图样所采用的投影法为：………………………………………………( )

A. 中心投影法； B. 斜投影法； C. 正投影法； D. B、C均采用。

2.机械图样中绘制三视图所采用的投影法是：………………………………( )

A. 中心投影法； B. 平行投影法； C. 正投影法； D. 斜投影法。

3.当某点有一个坐标值为0时，则该点一定在：………………………………( )

A. 空间； B. 投影面上； C. 坐标轴上； D. 原点。

4.空间互相平行的线段，在同一投影面中的投影：……………………………( )

A. 一定互相平行； B.互相不平行； C.根据具体情况，有时互相平行，有时不平行。

三、是非题(正确的画"○"，错误的打"×")

1.在零件图中，表达圆柱体时最少需要两个视图。………………………………( )

2.左视图反映物体从左向右看的形状以及各组成部分的上下、左右位置。………( )

3.曲面立体是指全部由曲面围成的几何体。………………………………………( )

2-2 点的投影、直线的投影（1）

| 班级 | 姓名 |
| 学号 | |

1.已知各点两面投影,求第三面投影,并画各点立体图。

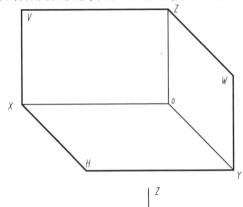

2.根据表中列出数值,作出各点的三面投影。

	距W面	距V面	距H面
A	25	10	15
B	10	15	25
C	15	20	8

3.作出各点的三面投影,点A(25,20,15),点B在A之右10,A之前5,A之上12。点C在B之左15,B之后15,B之下20。则B,C的坐标各为多少?
B(　　　　), C(　　　　)

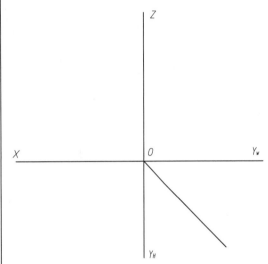

4.根据立体图作各点的三面投影,并标明可见性。

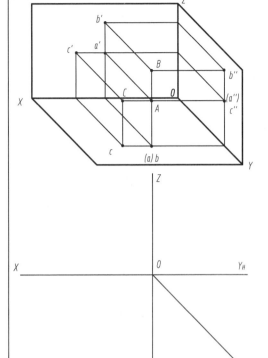

5.根据下列条件画出直线的三面投影(只作一解,并注出有几解）

(1)作正平线AB, AB=15mm, ∠α=60°;

(2)作侧平线CD, CD=15mm, ∠α=∠β=45°。

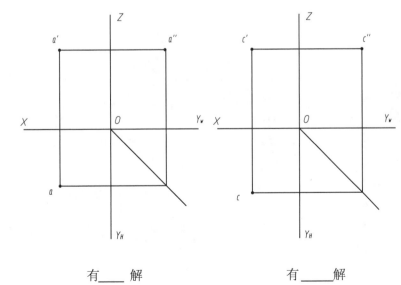

有＿＿解　　　有＿＿解

6.作出空间折线ABCDEF的三面投影。已知:

*AB*垂直于*W*面, 方向向前向右, 实长30;

*BC*平行于*H*面, 方向向前向右, 实长30, 与*V*面成30°角;

*CD*垂直于*H*面, 方向向上, 实长20;

*DE*平行于*W*面, 方向向前向上, 实长20, 与*H*面成45°角;

*EF*平行于*V*面, 方向向左, *F*点与*A*点的*V*面投影重合。

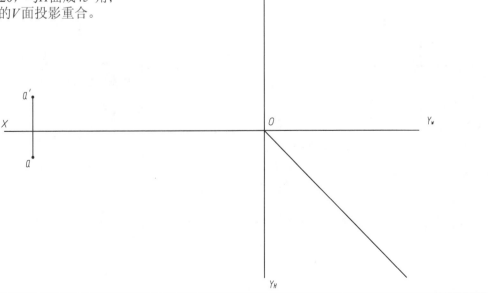

1.

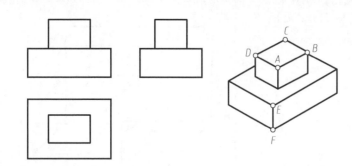

(1) 在三视图中标出点A、B、C、D、E、F的各面投影。在这些点中对
正立面的重影点有_____，并且点_____的正面投影遮住了点
_____的正面投影；对侧立面的重影点有_____，并且点_____的
侧面投影遮住了点_____侧面投影；对水平面的重影点有_____，
并且点_____的水平投影遮住了点_____的水平投影。

(2) 点A在点B的_____。（左方、正左方）
点E在点F的_____。（上方、正上方）
点A在点C的_____（左、右）、_____（上、下）、_____（前、后）。
点A在点F的_____（左、右）、_____（上、下）、_____（前、后）。

2.

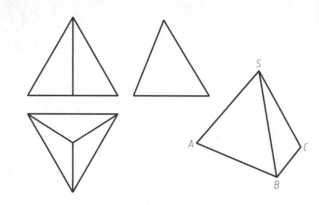
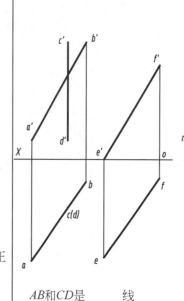

(1) 参照立体图，在三视图中标出点S、A、B、C的各面投影。

(2) 直线SB的侧面投影与投影轴_____，水平投影与y轴_____，
正面投影与z轴_____，所以该直线为_____。
直线AC的侧面投影积聚为_____，水平投影与y轴_____，正
面投影与z轴_____，所以该直线为_____。
直线BC的水平投影与投影轴_____，正面投影与x轴_____，
侧面投影与y轴_____，所以该直线为_____。

3. 根据下列投影图，判断两直线的相对位置，并填空。

AB和CD是_____线　　　　PQ和MN是_____线

AB和EF是_____线　　　　PQ和ST是_____线

CD和EF是_____线　　　　MN和ST是_____线

4. 对照轴测图，在三视图中标出线段AB、CD的三面投影，
并填写它们的名称。

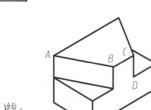

AB是(　　)线；CD是(　　)线。

5. 在三视图中标出线段AB、CD的第三投影，在轴测图中标
出端点A、B、C、D的位置，并填写线段AB、CD的名称。

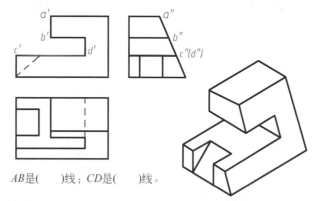

AB是(　　)线；CD是(　　)线。

6. 对照轴测图，在三视图中标出线段AB、DC、DE、BC的三面投影，
并填写它们的相对位置。

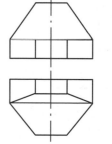

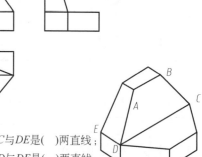

AB与DC是(　　)两直线；BC与DE是(　　)两直线；
AD与BC是(　　)两直线；AD与DE是(　　)两直线。

2-3 平面的投影

1. 已知平面的两面投影，判断该平面与投影面的相对位置，并在图上及下方空格处注出角度 α、β、γ 的数值（特殊角）。

$4'5' = 45$

$5'6' \ // \ 56 \ // \ OX轴$

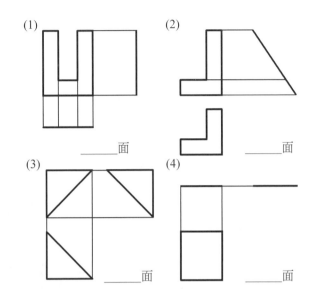

先作图再判断：

ABC是_____面　　　　DEFG是_____面　　　　Ⅰ Ⅱ Ⅲ是_____面　　　　Ⅳ Ⅴ Ⅵ是_____面

α =　　　　α =　　　　α =　　　　α =
β =　　　　β =　　　　β =　　　　β =
γ =　　　　γ =　　　　γ =　　　　γ =

2. 判别下列各平面的空间位置，并填写它们是什么位置平面。

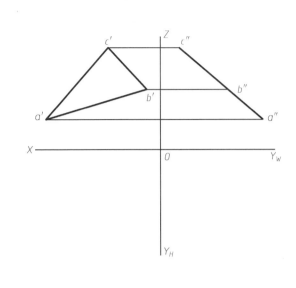

(1)　　　　(2)

_____面　　　　_____面

(3)　　　　(4)

_____面　　　　_____面

3. 完成三角形ABC的水平投影。

4. 注出平面P、M和直线CD的三面投影，并填写它们是什么位置直线或平面。

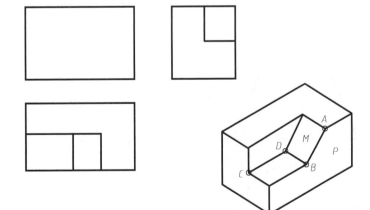

AB是_____，CD是_____，P面是_____面，M面是_____面。

5. 在三视图中，注出平面A、B、C的三面投影，并填写它们是什么位置平面。

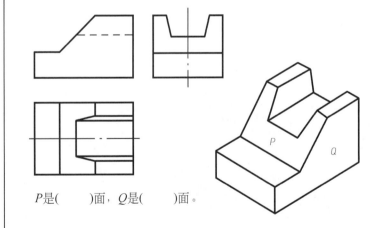

A面是_____面，B面是_____面，C面是_____面。

6. 在三视图中注出P、Q两平面的三投影，并填写它们是什么位置平面。

P是(　　　)面，Q是(　　　)面。

第3章 立体的投影

3-1 立体的投影（已知立体表面上各点、直线的投影，补全其余投影）

班级
学号

姓名

1.六棱柱。

2.三棱锥。

3.圆柱。

4.圆柱组合。

5.根据立体的两面投影，画出第三面投影，并完成立体表面上点或直线的三面投影。

（1）

（2）

6.圆锥。

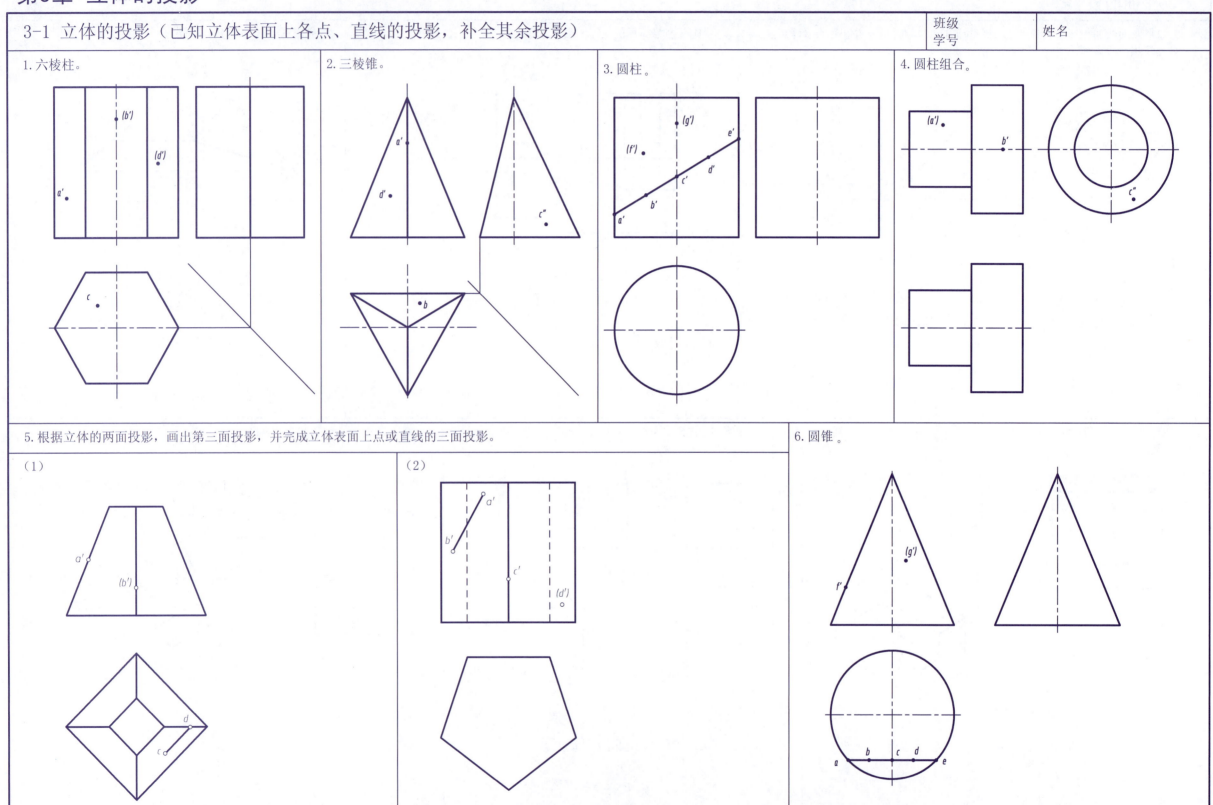

班级
学号

姓名

1.

2.

3.

4.

5.

6.

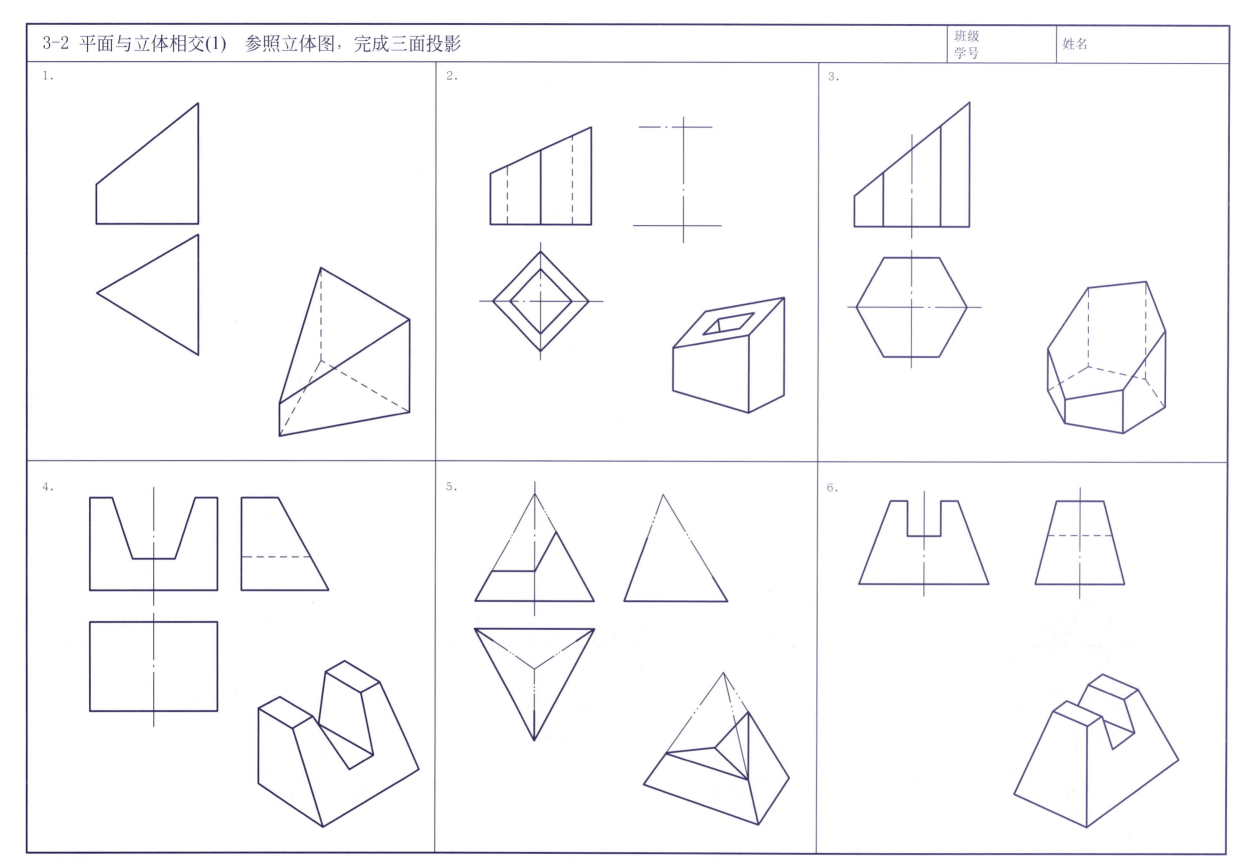

班级 学号	姓名

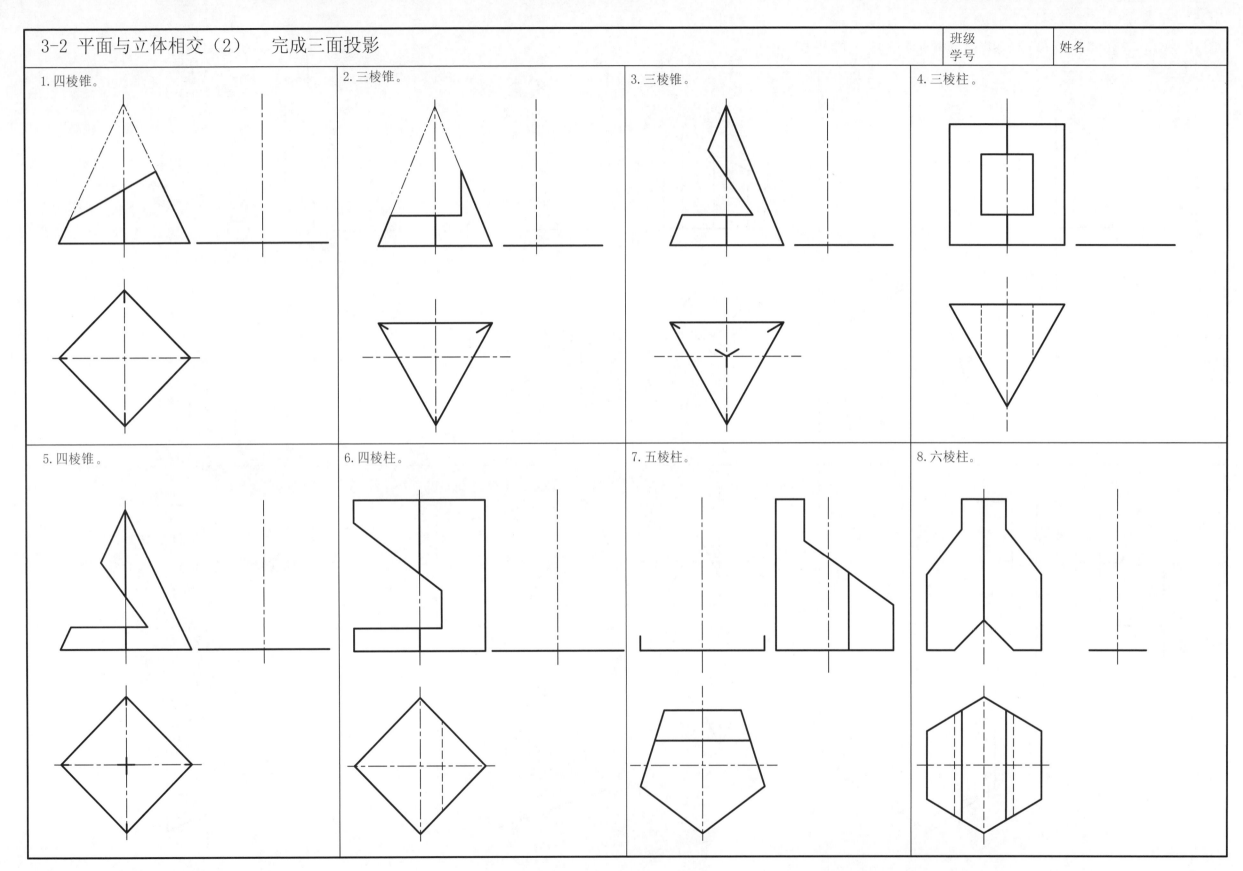

1.四棱锥。

2.三棱锥。

3.三棱锥。

4.三棱柱。

5.四棱锥。

6.四棱柱。

7.五棱柱。

8.六棱柱。

班级	
学号	姓名

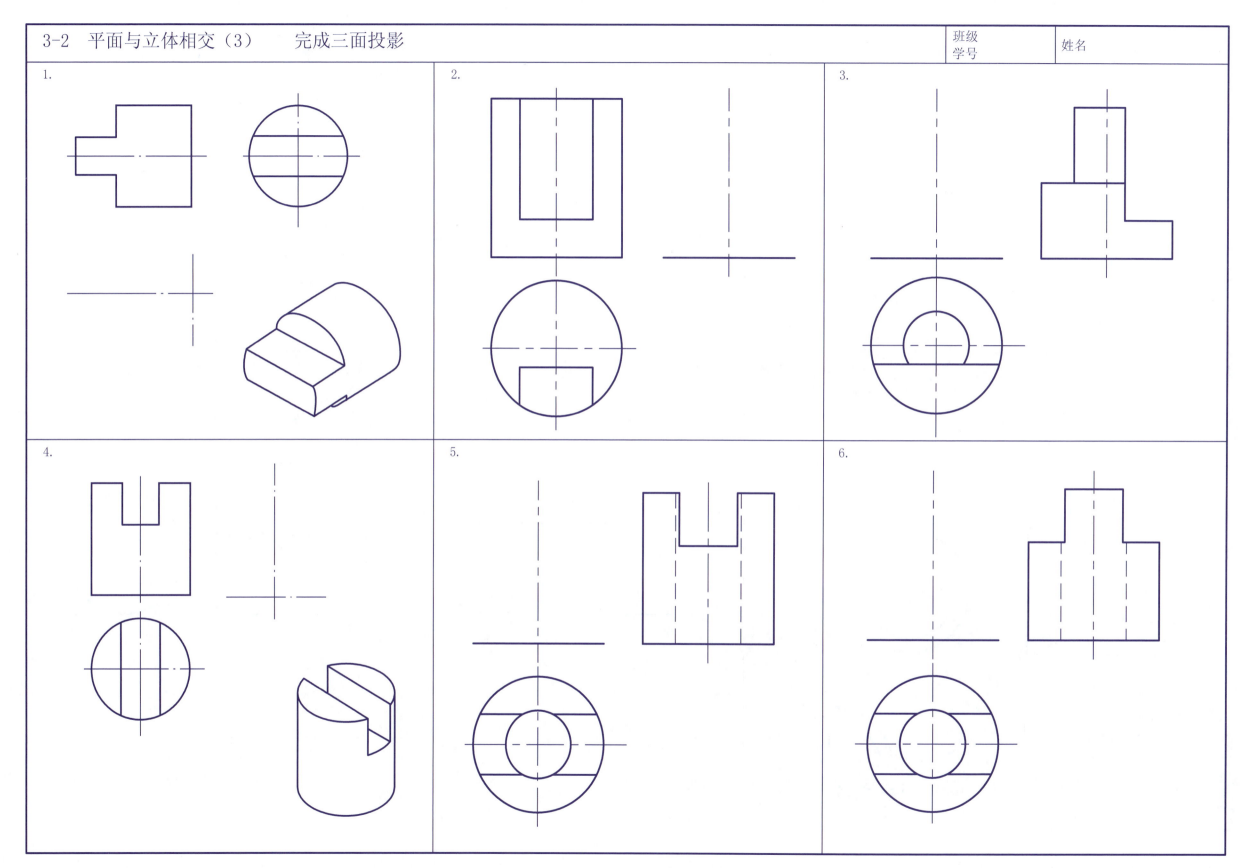

1.

2.

3.

4.

5.

6.

班级	姓名
学号	

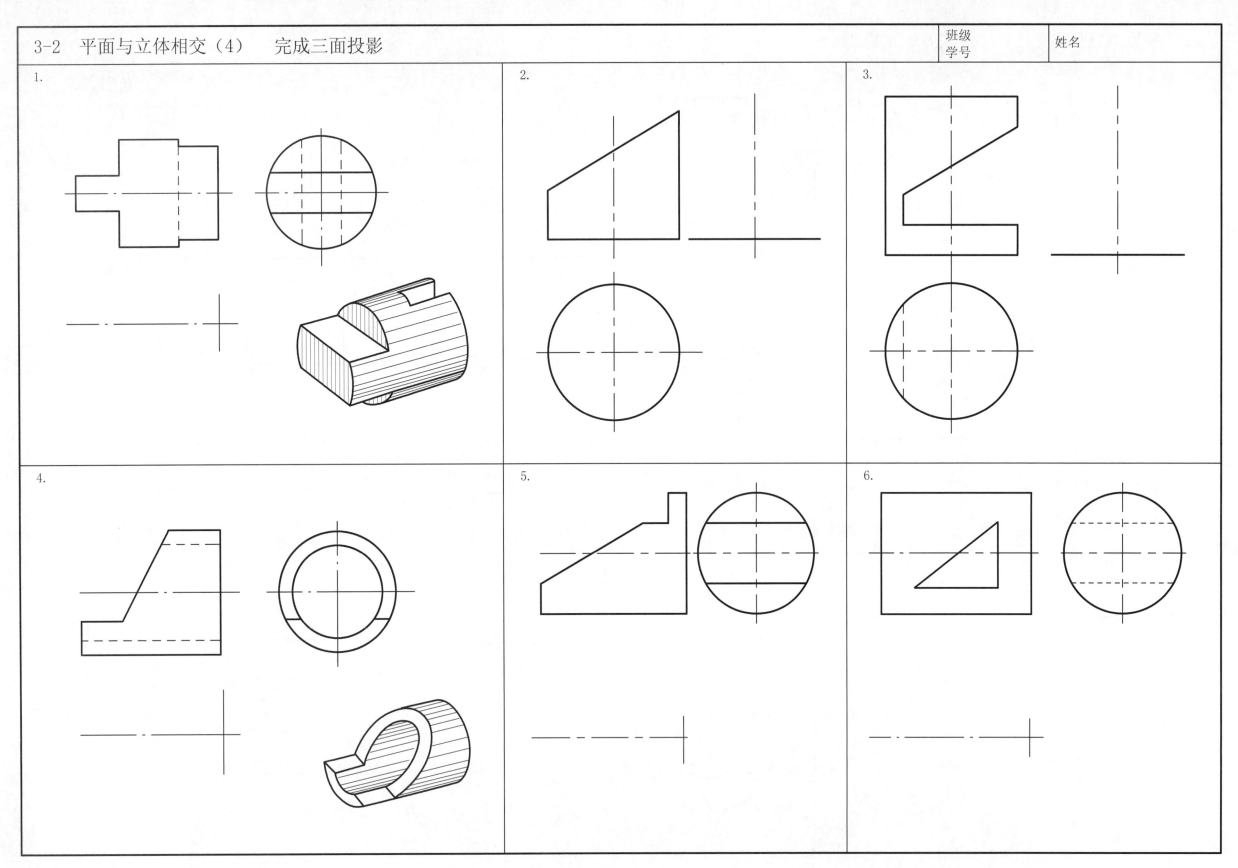

1.

2.

3.

4.

5.

6.

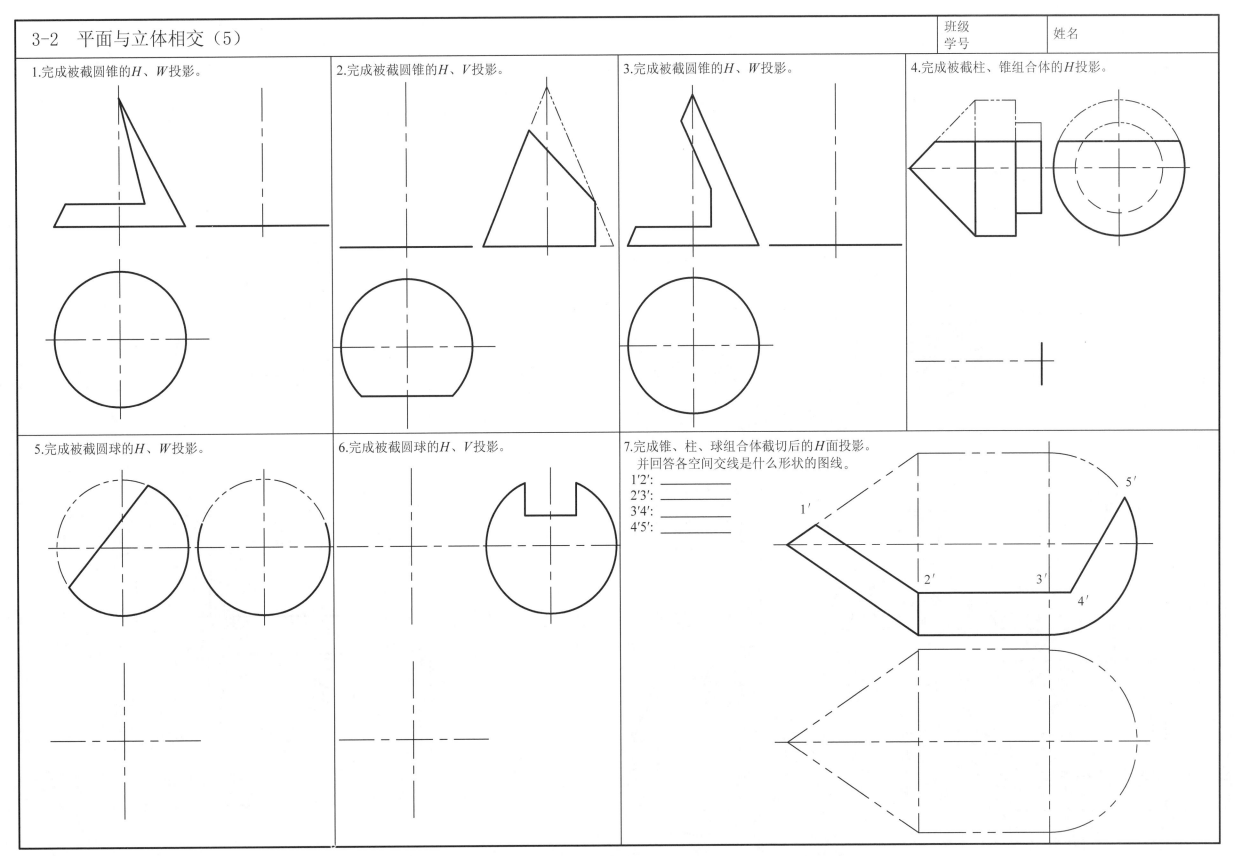

班级
学号

姓名

1.完成被截圆锥的H、W投影。

2.完成被截圆锥的H、V投影。

3.完成被截圆锥的H、W投影。

4.完成被截柱、锥组合体的H投影。

5.完成被截圆球的H、W投影。

6.完成被截圆球的H、V投影。

7.完成锥、柱、球组合体截切后的H面投影。
　并回答各空间交线是什么形状的图线。

1′2′: _____
2′3′: _____
3′4′: _____
4′5′: _____

1.完成曲面立体与曲面立体的相贯线投影。

2.完成两曲面立体的相贯线投影。

3.完成两曲面立体的相贯线投影。

4.完成两曲面立体的相贯线投影。

5.完成圆柱筒穿孔后的交线投影。

6.完成两曲面立体的相贯线投影。

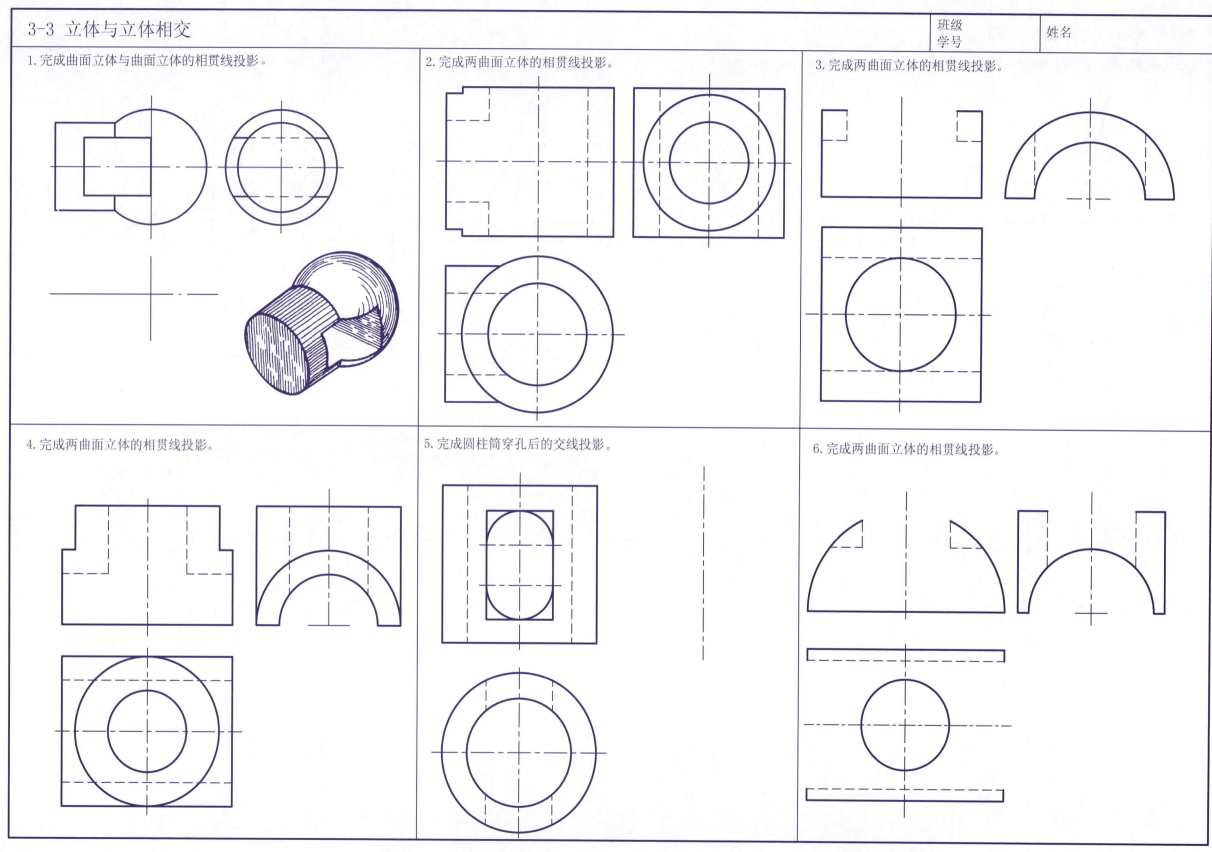

第4章 组合体

4-1 组合体基础知识

班级 学号	姓名

一、填空题

1.由平面截切立体所形成的表面交线叫_____。两立体相互贯穿时的表面交线称为_____。

2.尺寸应注在反映形体特征_____的视图上，并尽量避免注在_____上。

3.组合体的基本组合方式为：_____、_____和_____三种。

4.组合体中的各个基本几何体表面之间有_____分析法和_____分析法。

5.组合体的分析方法主要有_____分析法和_____分析法。

6.根据尺寸在投影图中的作用可分为_____尺寸、_____尺寸和_____尺寸三类。

7.圆的直径一般注在投影为_____的视图上，圆弧的半径则应注在投影为_____的视图上。

二、选择题(每题只选一个答案，将所选答案的编号填入括弧中)

1.按箭头所指的方向看图，右边四个视图哪一个是正确的?..................（   ）

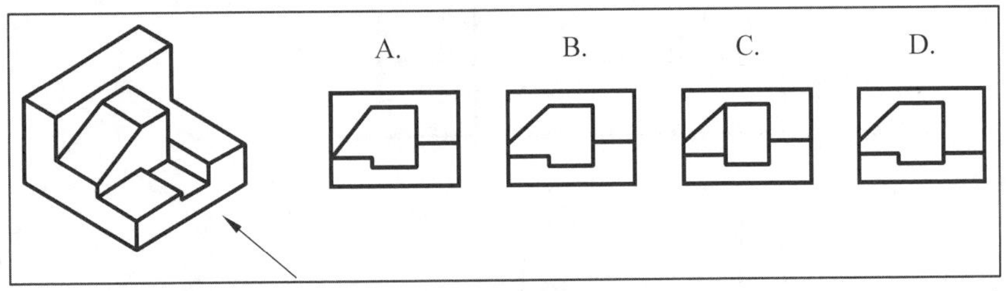

2.按所给定的主、左视图，找出相对应的俯视图：..................（   ）

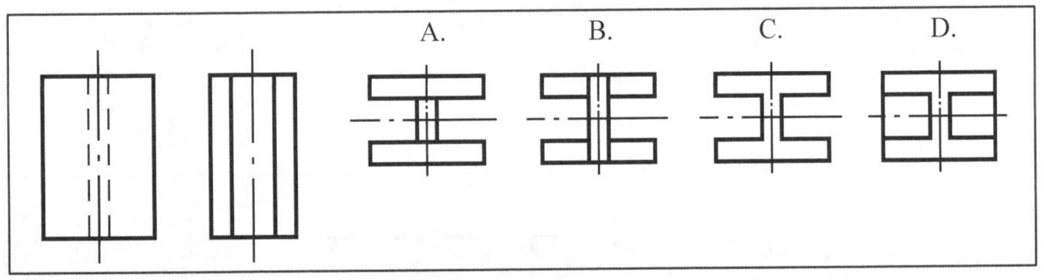

3.按给定的主、俯视图，找出相对应的左视图：..................（   ）

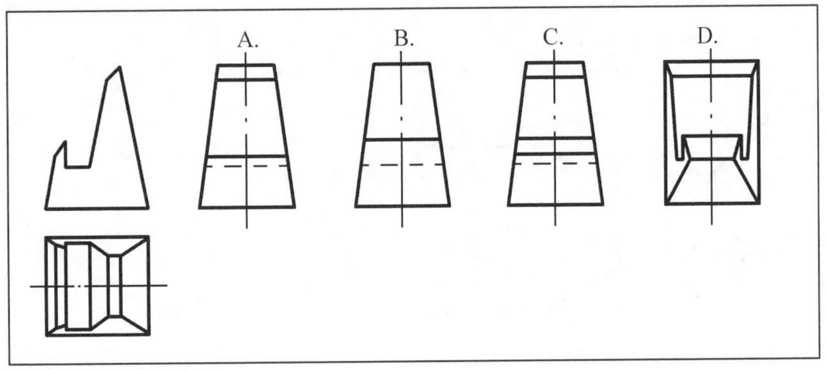

三、是非题 (正确的画"○"，错误的打"×")

1.相贯线是互相贯穿的两个基本体表面的共有线，它一定是封闭的空间曲线。.........（   ）

2.在不致引起误解时，图形中的相贯线可以简化，例如用圆弧或直线来代替非圆曲线，也可以采用模糊画法表示相贯线。..................（   ）

3.组合体上标注的尺寸，一般情况下包括定位尺寸和定形尺寸两种。..................（   ）

4.形体分析法的要点是：(1)分清组合体的基本组成部分；(2)搞清各部分之间的相对位置；(3)辨清相邻两形体的组合形式及表面连接关系。..................（   ）

5.标注平行并列的尺寸时，应使较小的尺寸靠近视图，较大的尺寸依次向外分布。...（   ）

6.定位尺寸是确定各基本几何体大小的尺寸。..................（   ）

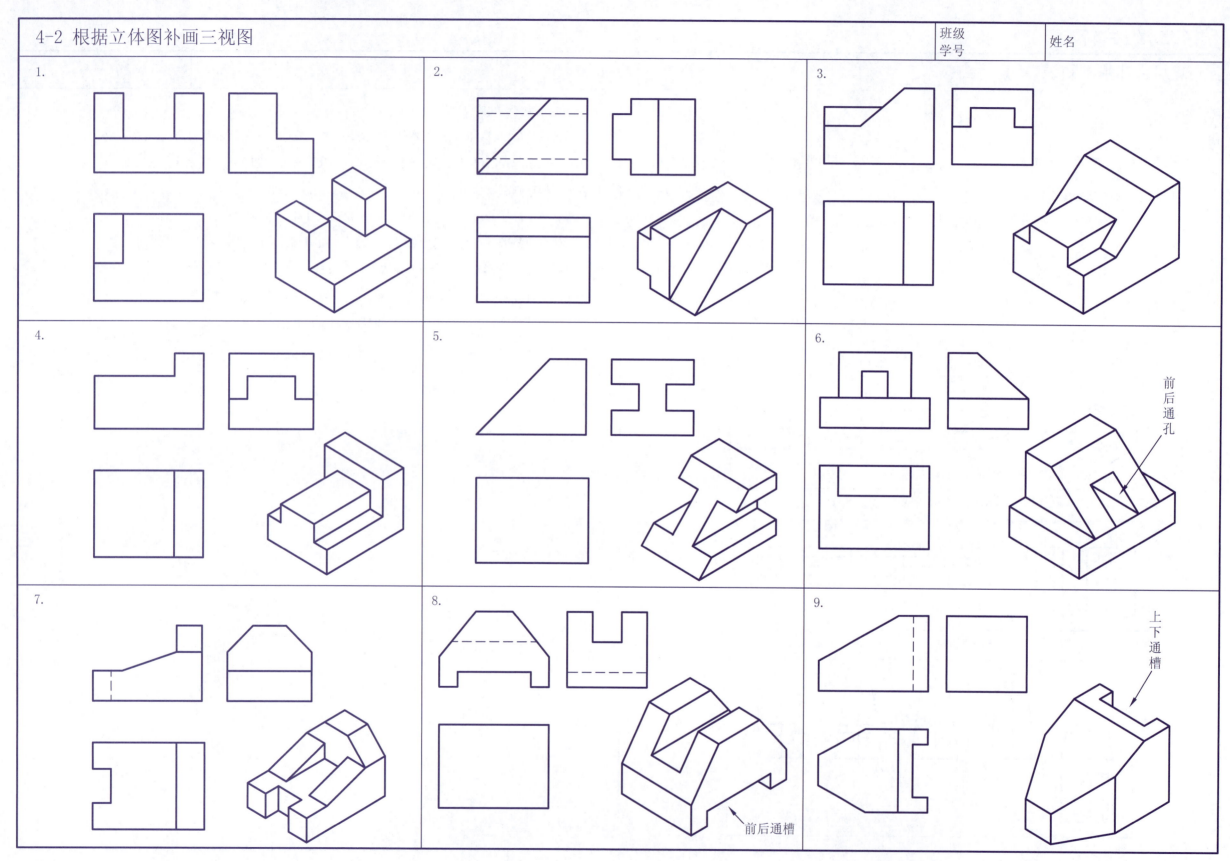

1.

2.

3.

4.

5.

6. 前后通孔

7.

8. 前后通槽

9. 上下通槽

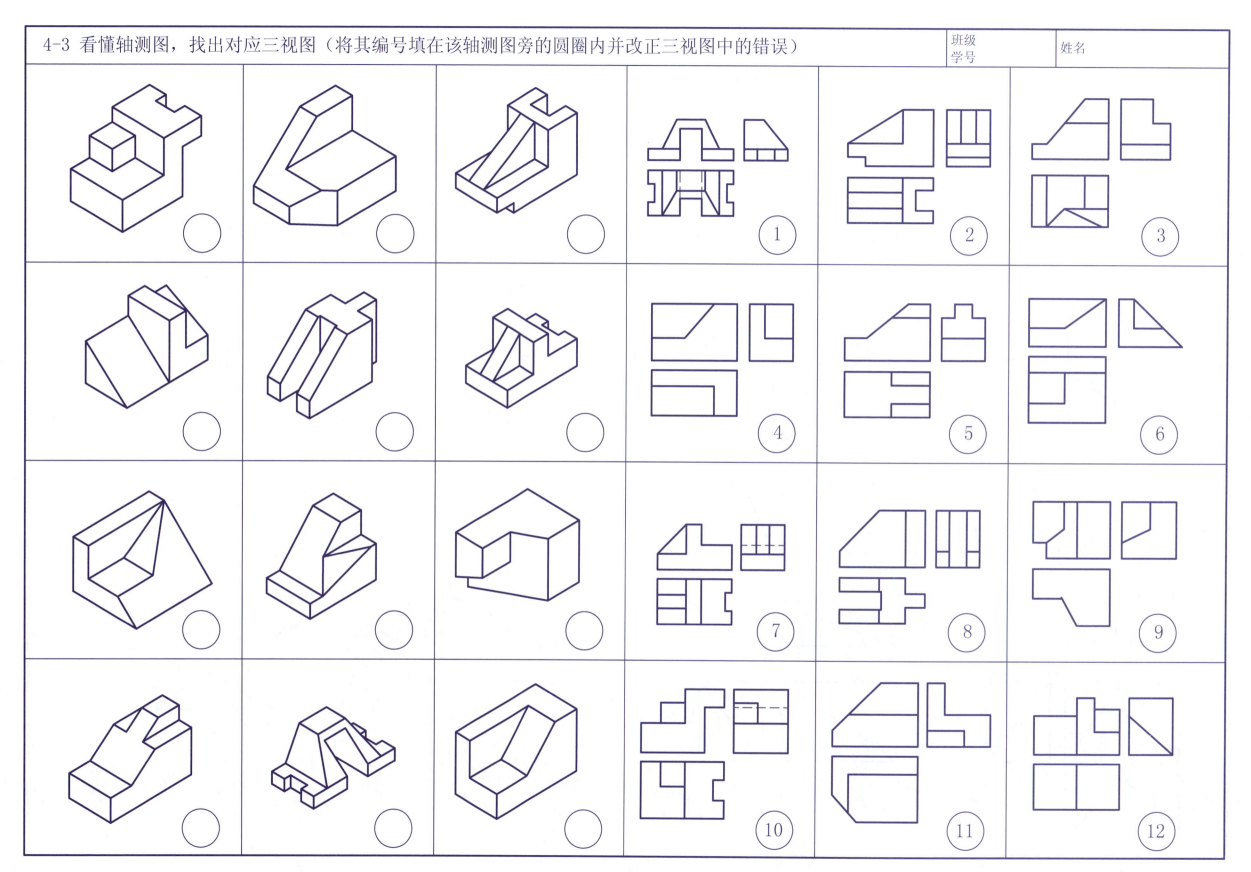

19

班级
学号

姓名

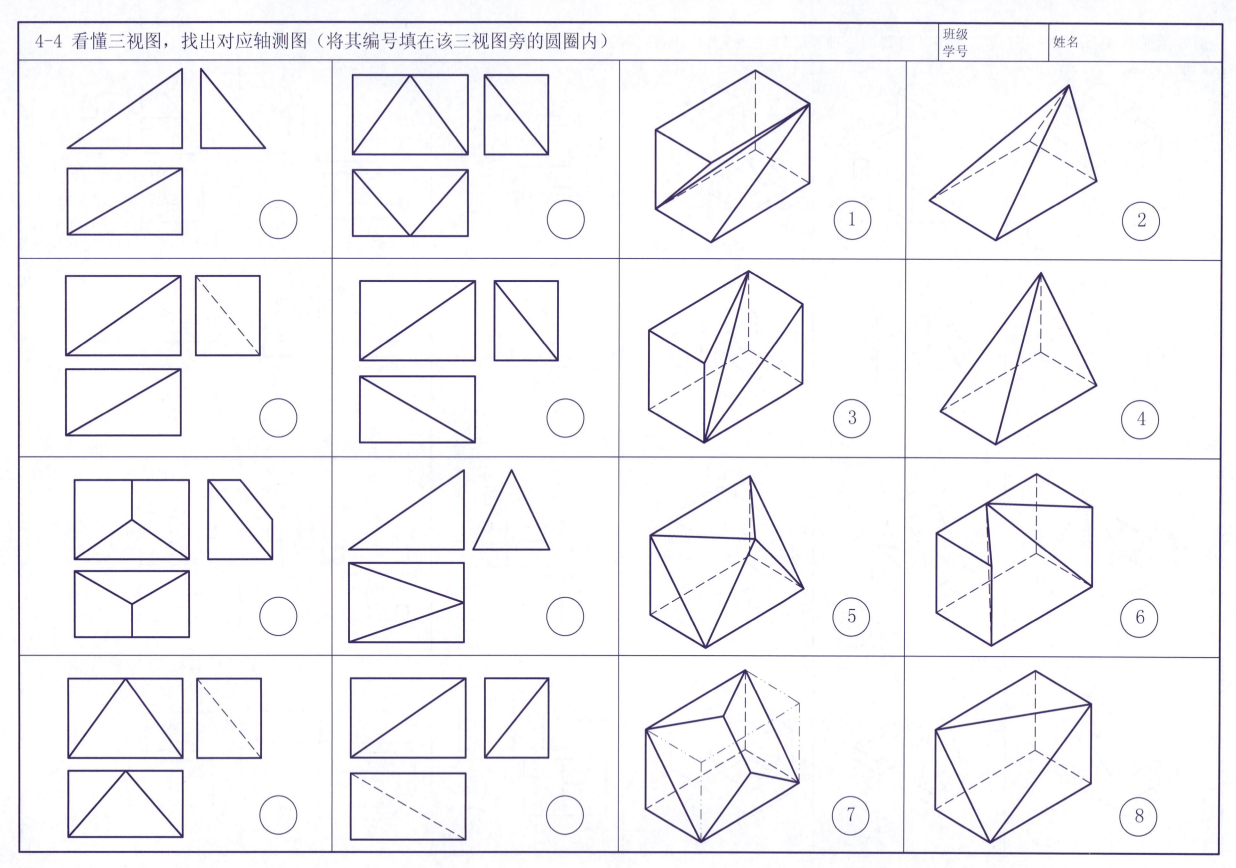

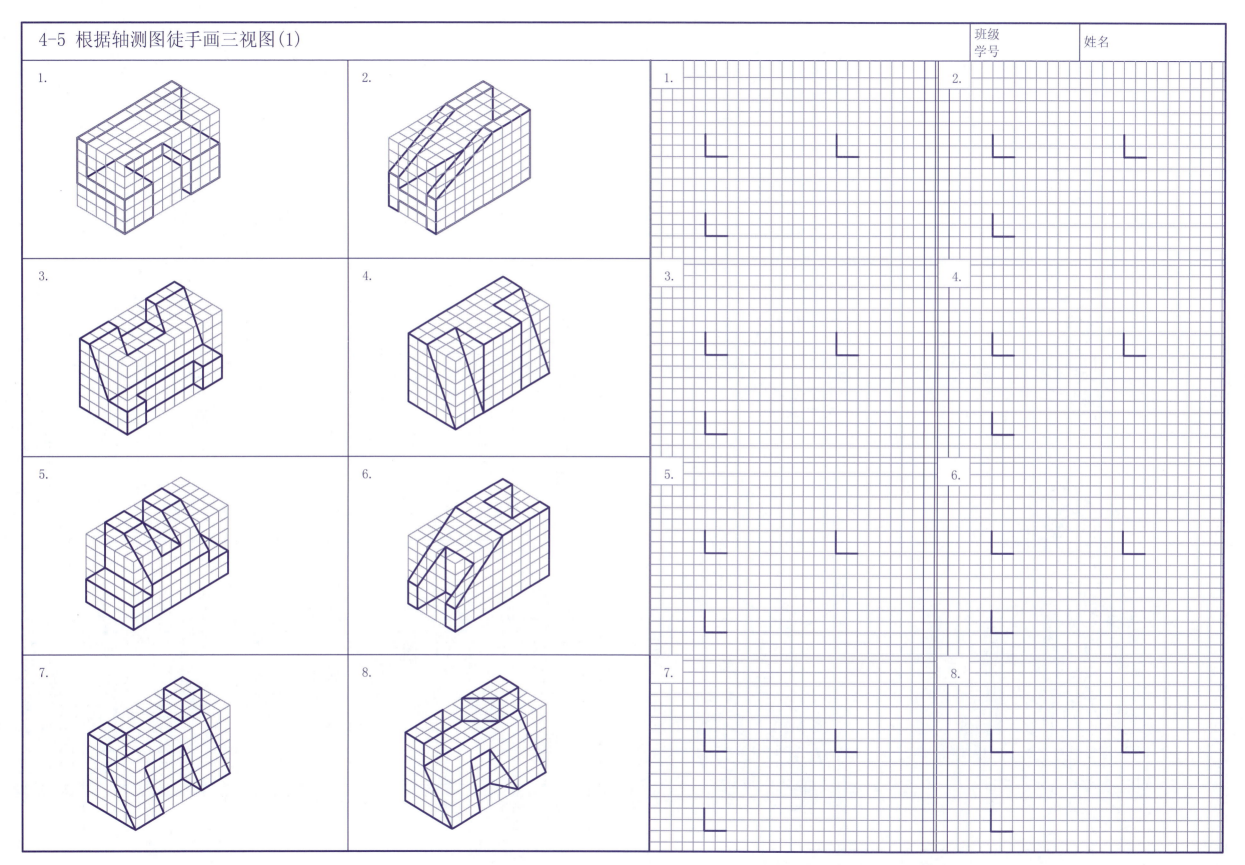

班级	
学号	姓名

班级
学号

姓名

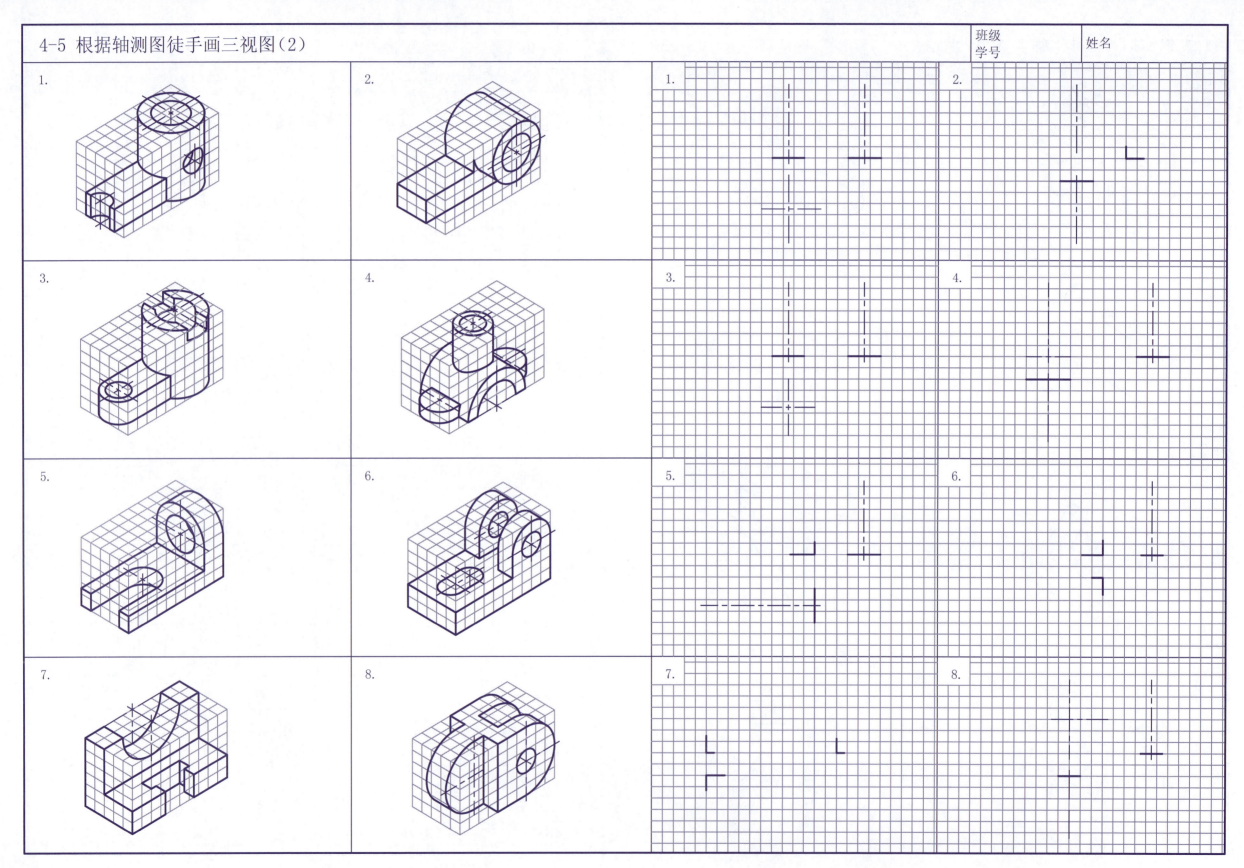

1.

2.

3.

4.

5.

6.

7.

8.

1.

2.

3.

4.

5.

6.

7.

8.

| 班级 学号 | 姓名 |

1.

2.

3.

4.

5.

6.

7.

8.

班级
学号

姓名

1.

2.

3.

4.

5.

6.

7.

8.

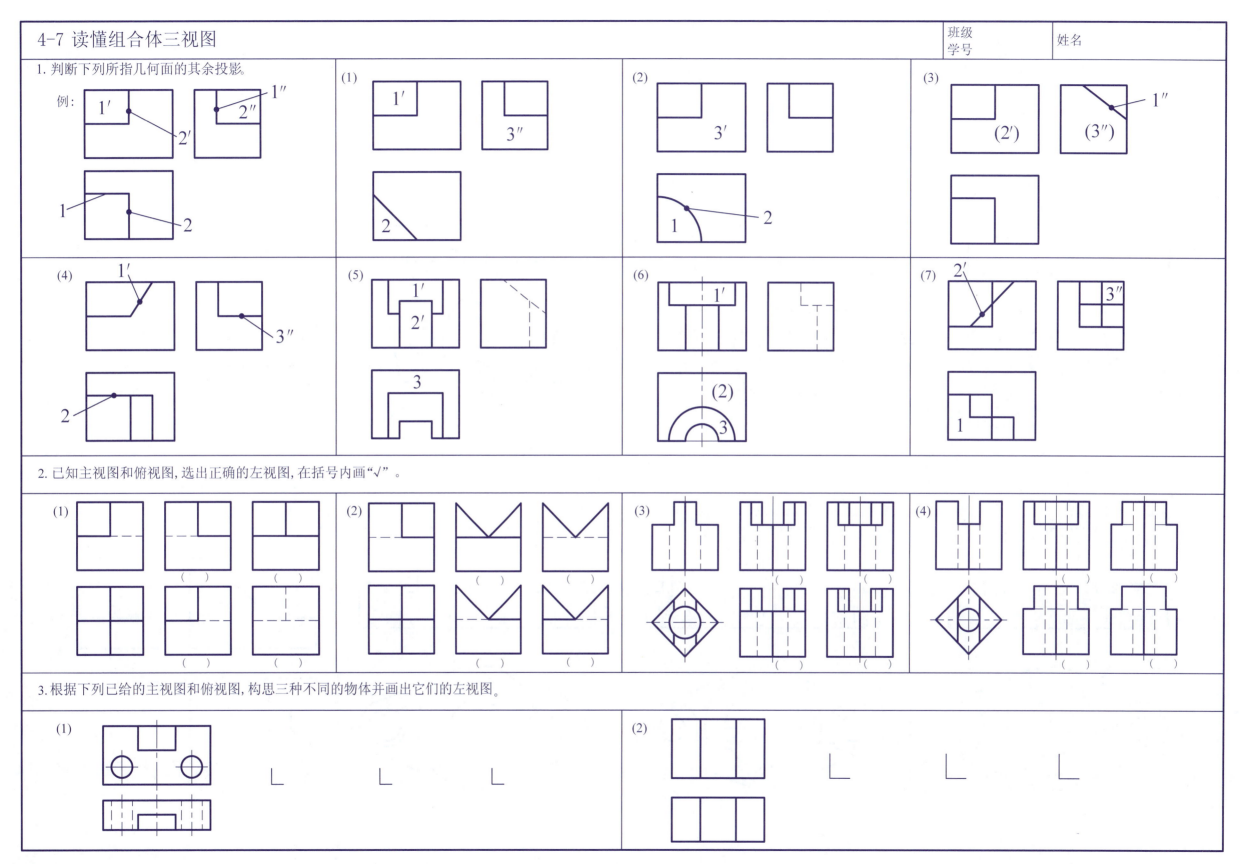

4-7 读懂组合体三视图

班级 学号　姓名

1. 判断下列所指几何面的其余投影。

例：

2. 已知主视图和俯视图，选出正确的左视图，在括号内画"√"。

3. 根据下列已给的主视图和俯视图，构思三种不同的物体并画出它们的左视图。

班级 学号	姓名

1.

2.

3.

4.

5.

6.

7.

8.

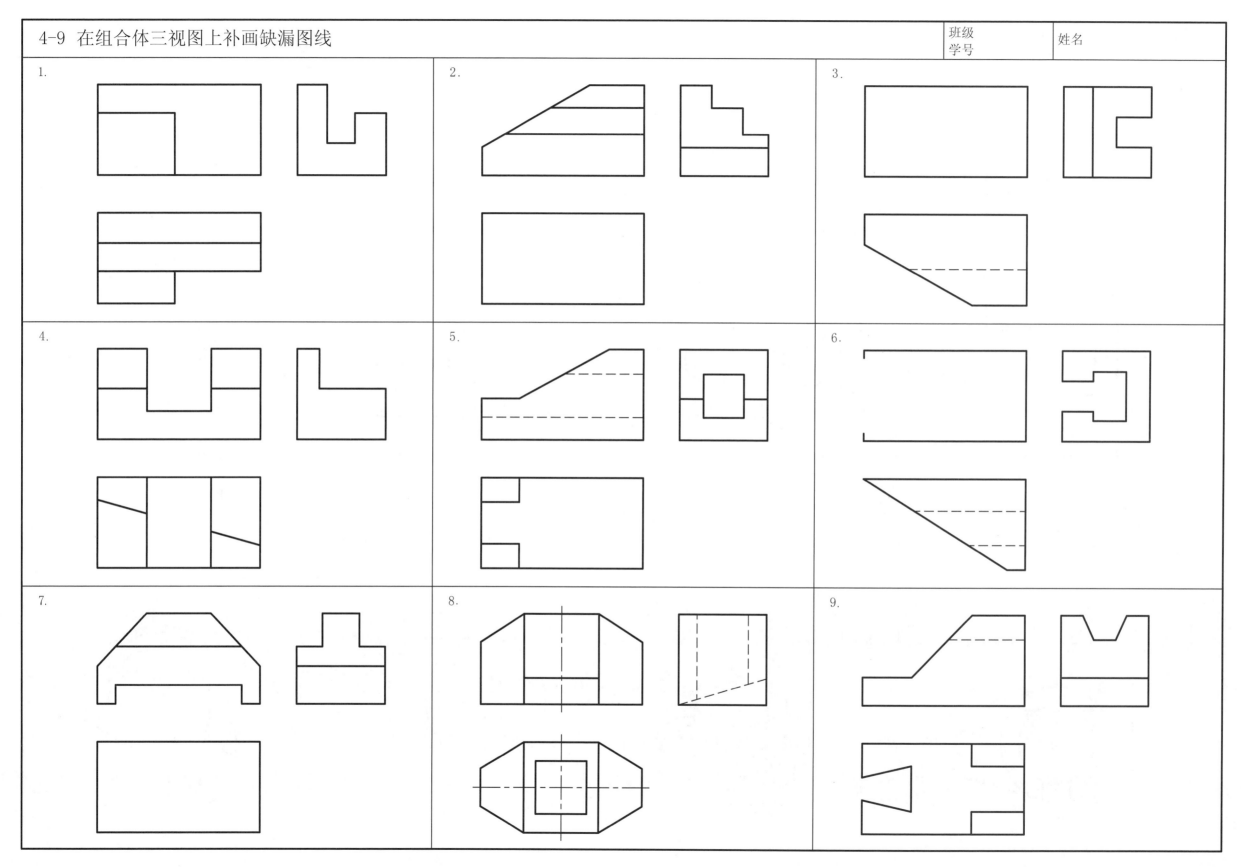

1.

2.

3.

4.

5.

6.

7.

8.

9.

班级
学号

姓名

1.

2.

3.

4.

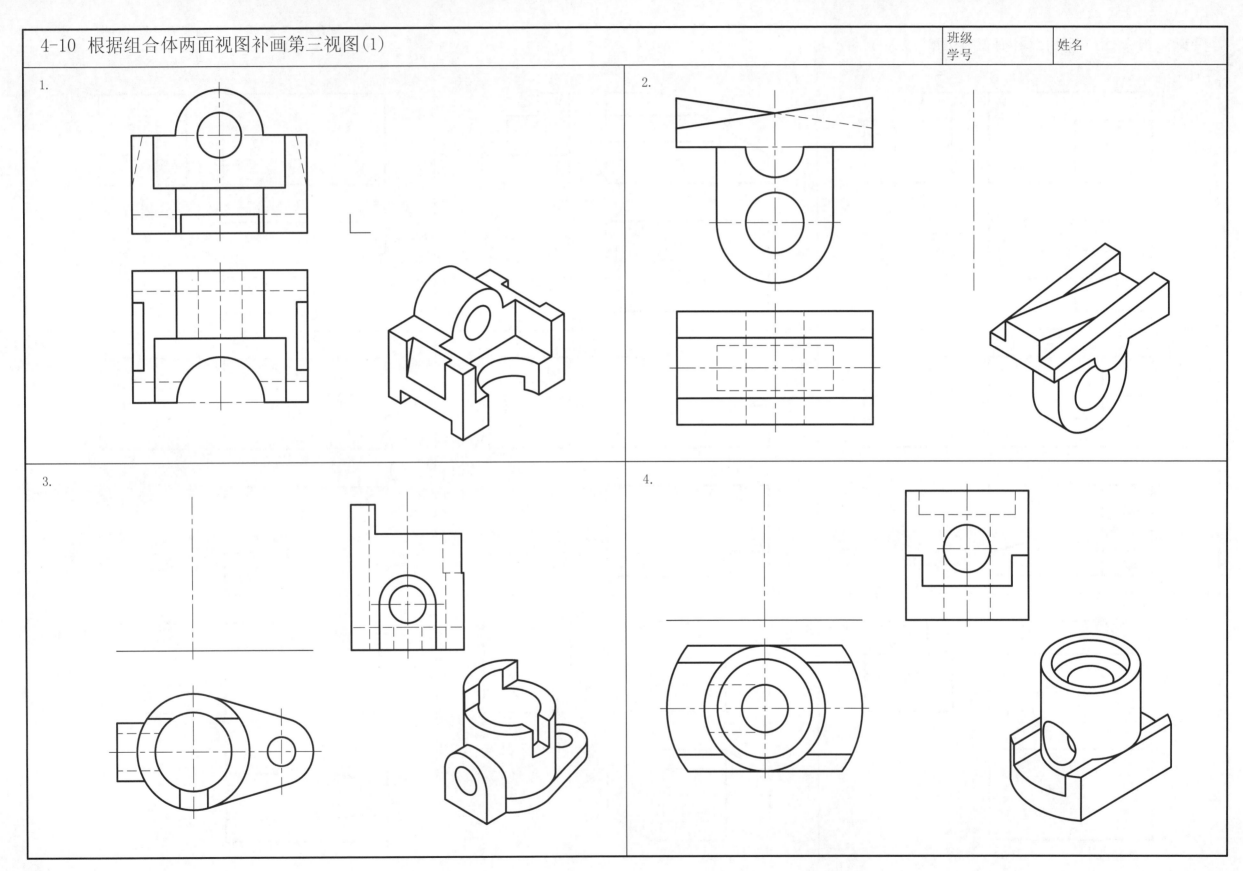

班级
学号

姓名

1.

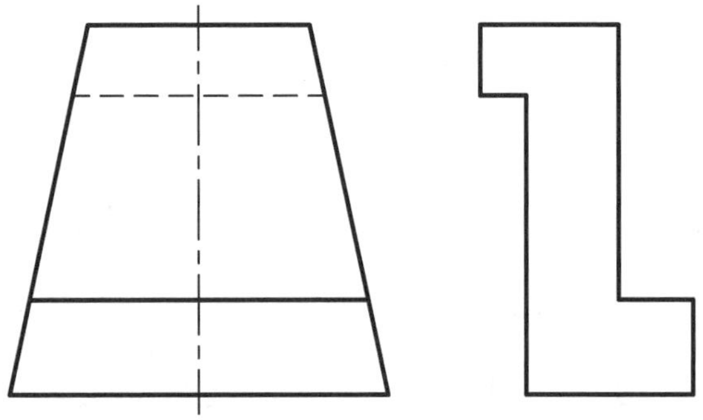

2.

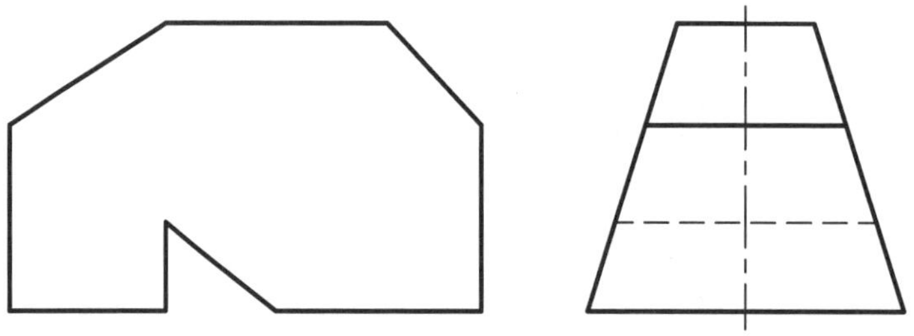

3.

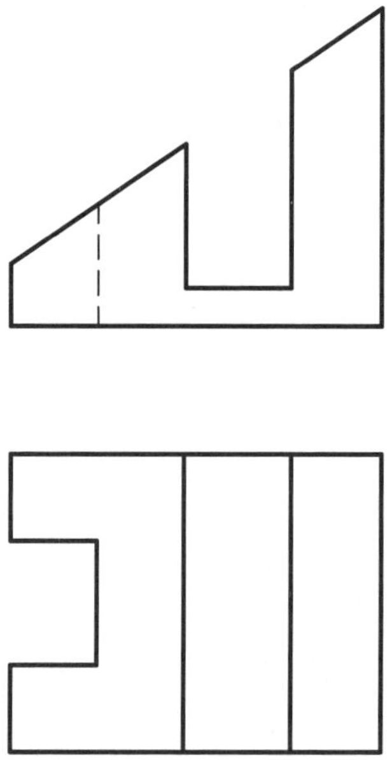

4.

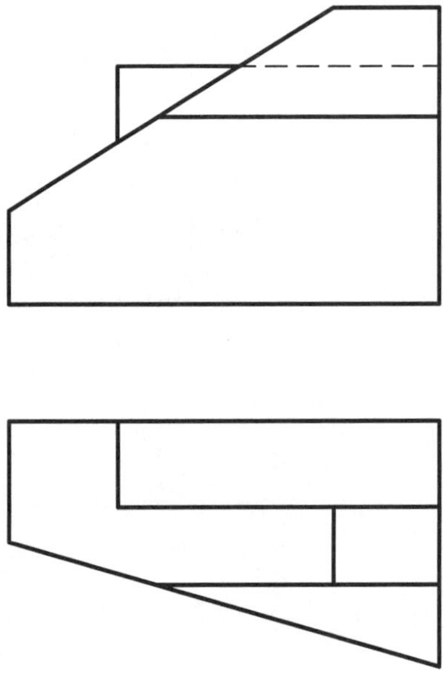

5.

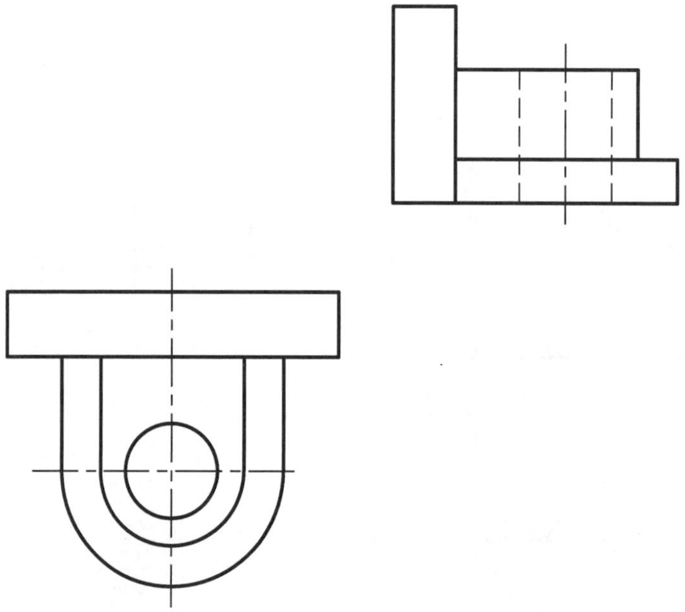

6.

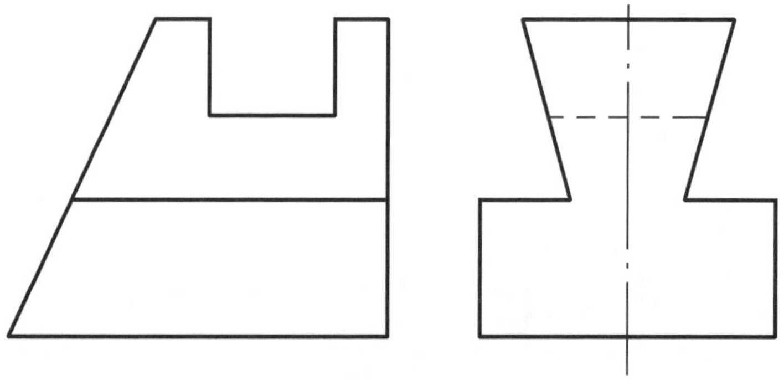

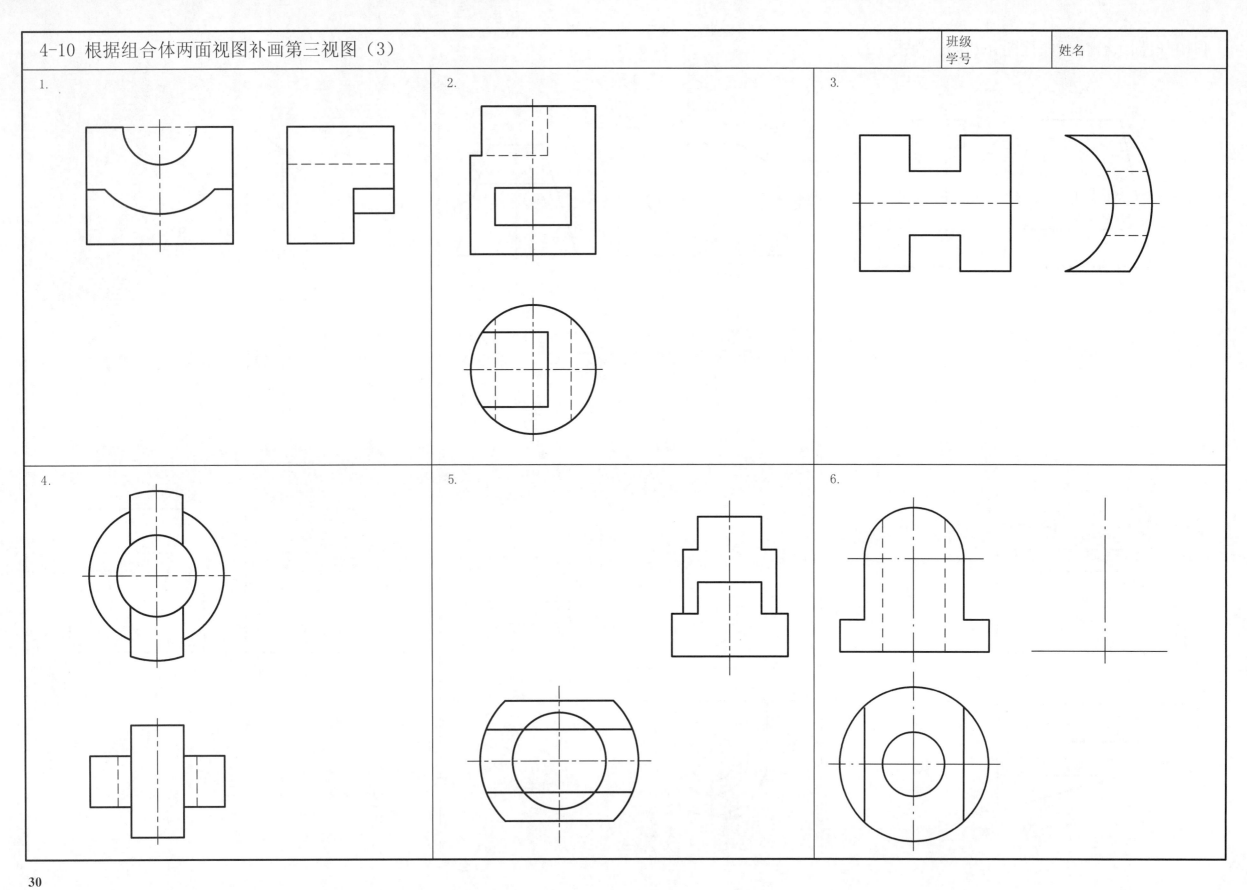

1.

2.

3.

4.

5.

6.

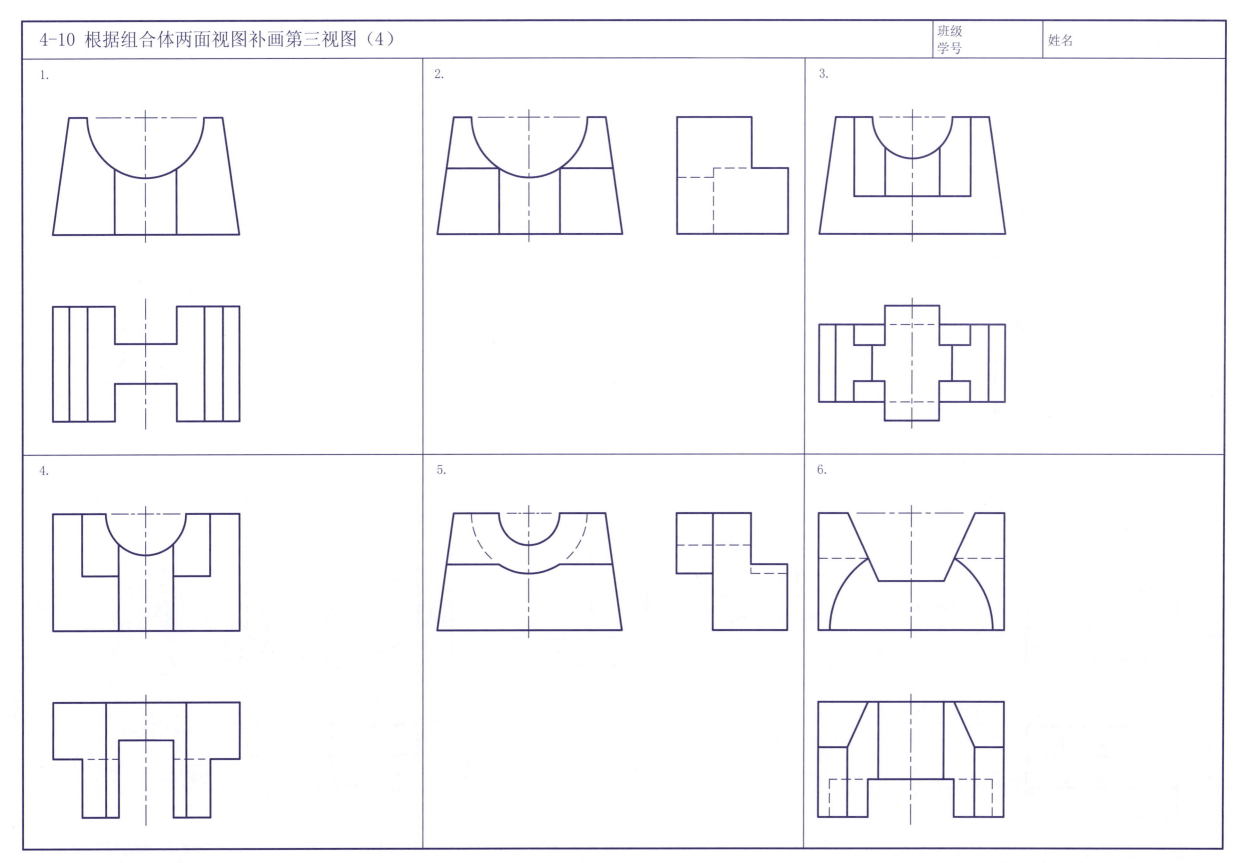

1.

2.

3.

4.

5.

6.

1.（本题多解）

2.

3.

4.

1.

2.

3.

4.

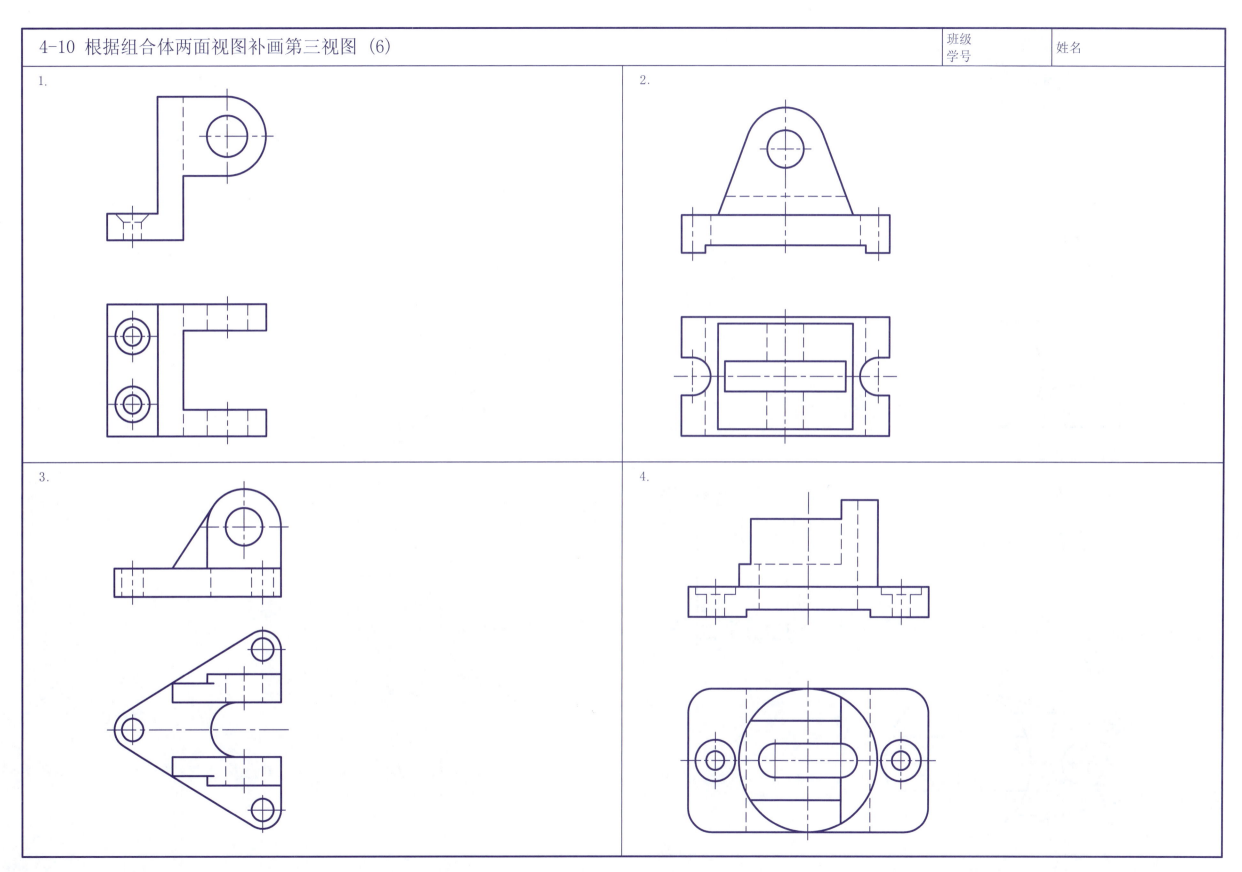

1.

2.

3.

4.

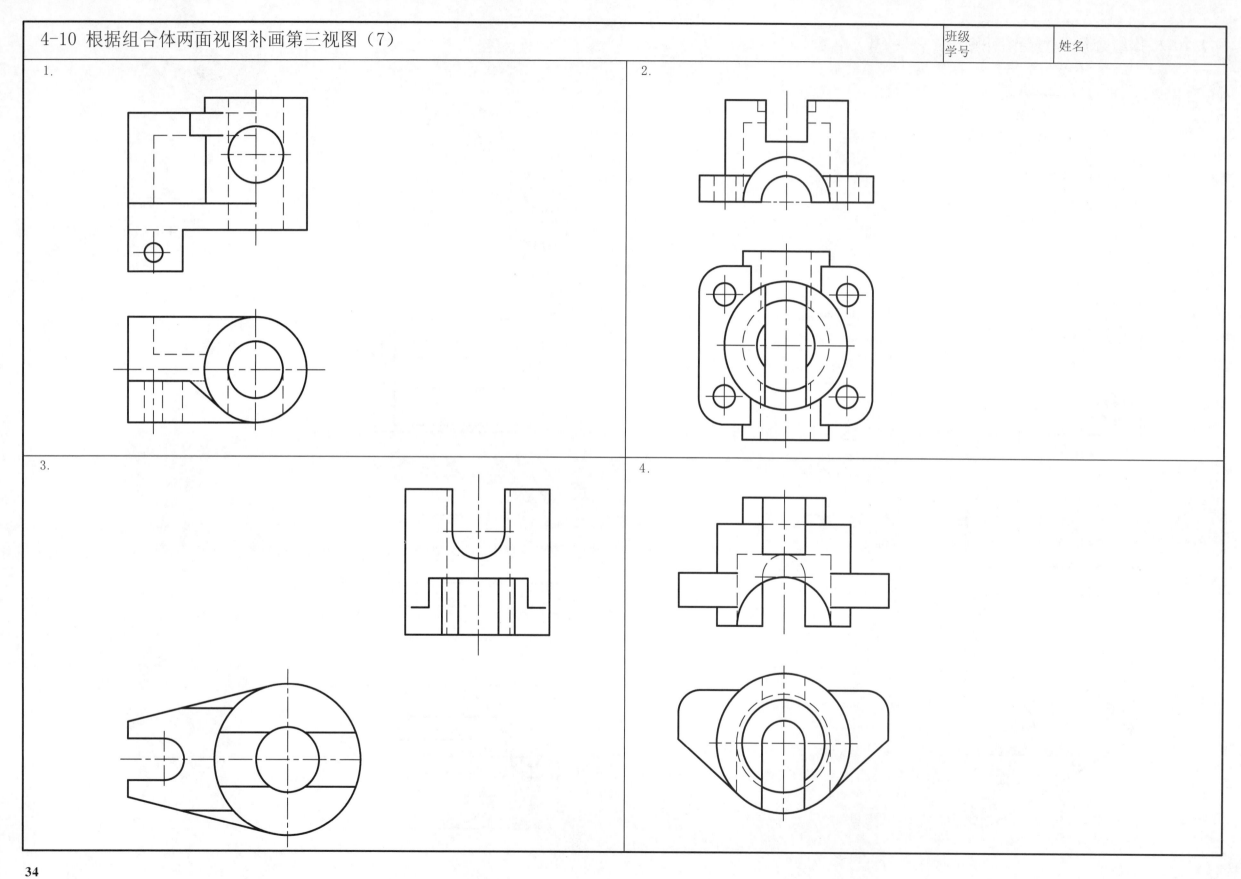

4-12 形体构思（按所给的一个视图，构思一个物体，画出其他两个视图。要求形体简单，构形合理）	姓名 学号	班级

1. 已知主视图。

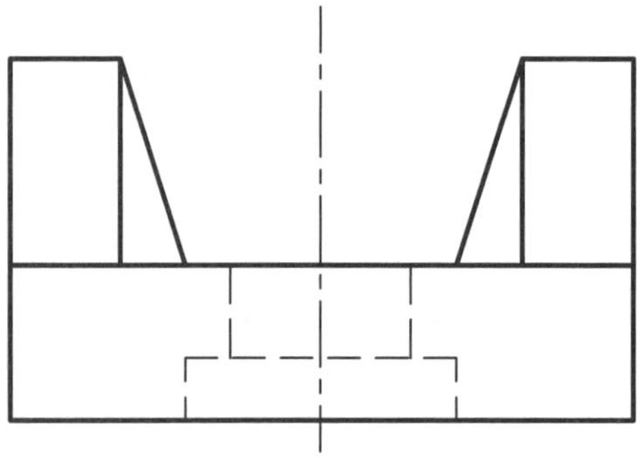

2. 已知俯视图。

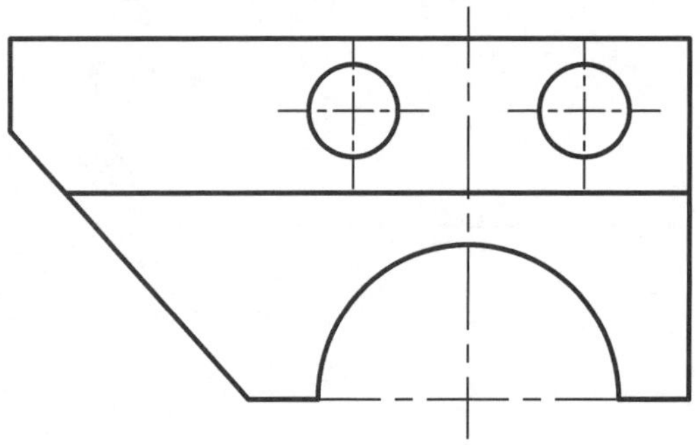

3. 试用前面讲授的基本几何体，通过叠加、切割、挖孔、开槽及各种简单结合，自行设计一个组合体，画出三视图和轴测图。（三视图要求完整标注尺寸）

班级
学号

姓名

1.

2.

3.

4.

5.

6.

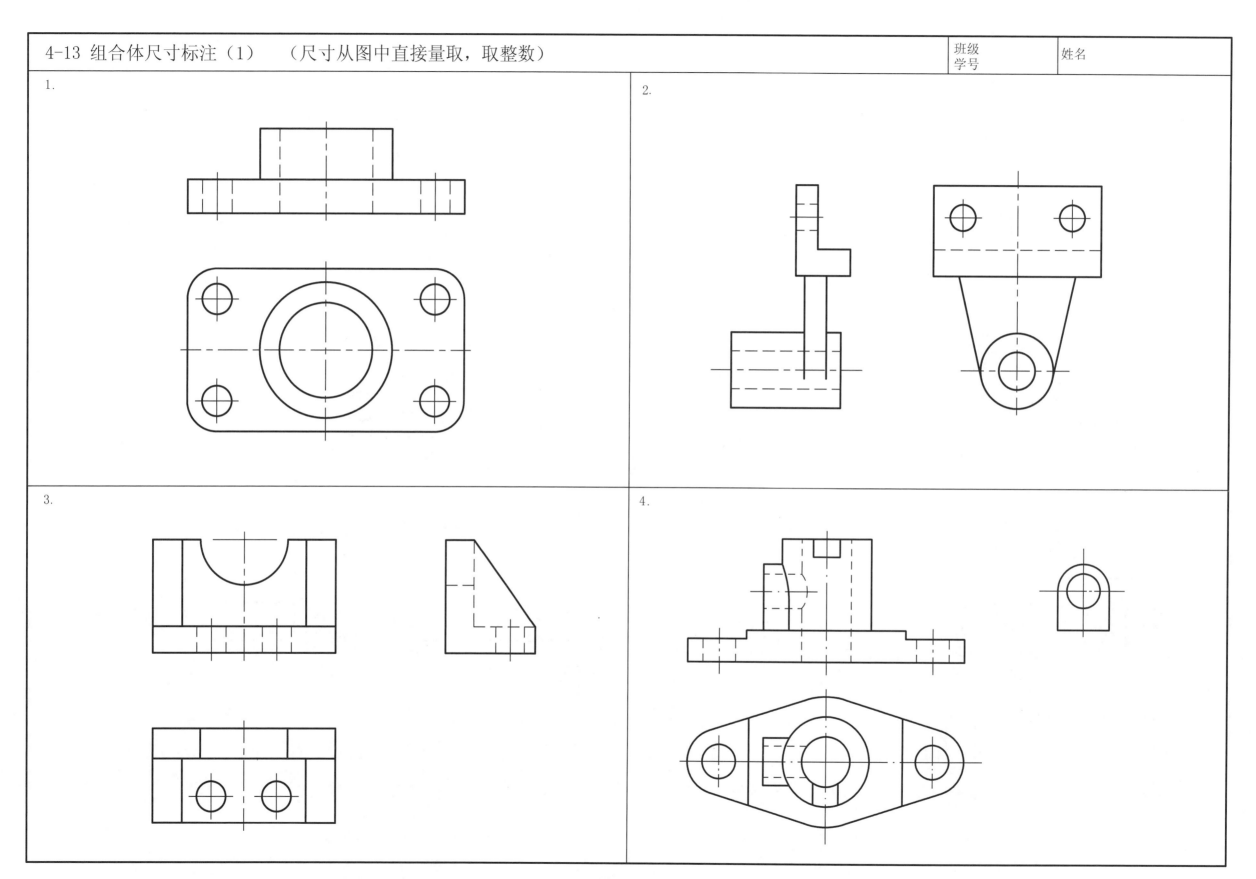

1.

2.

3.

4.

1.

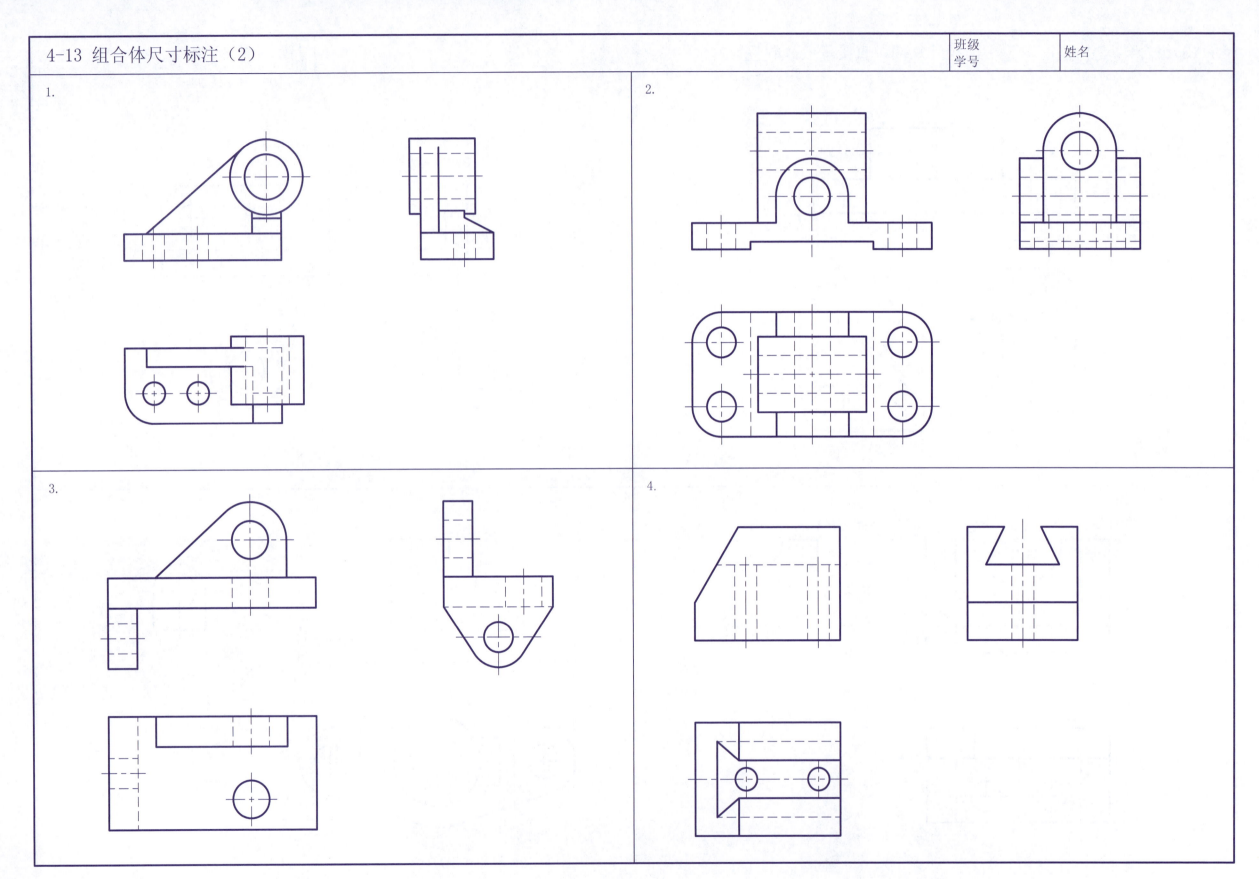

2.

3.

4.

班级
学号

姓名

1.

2.

3.

4.

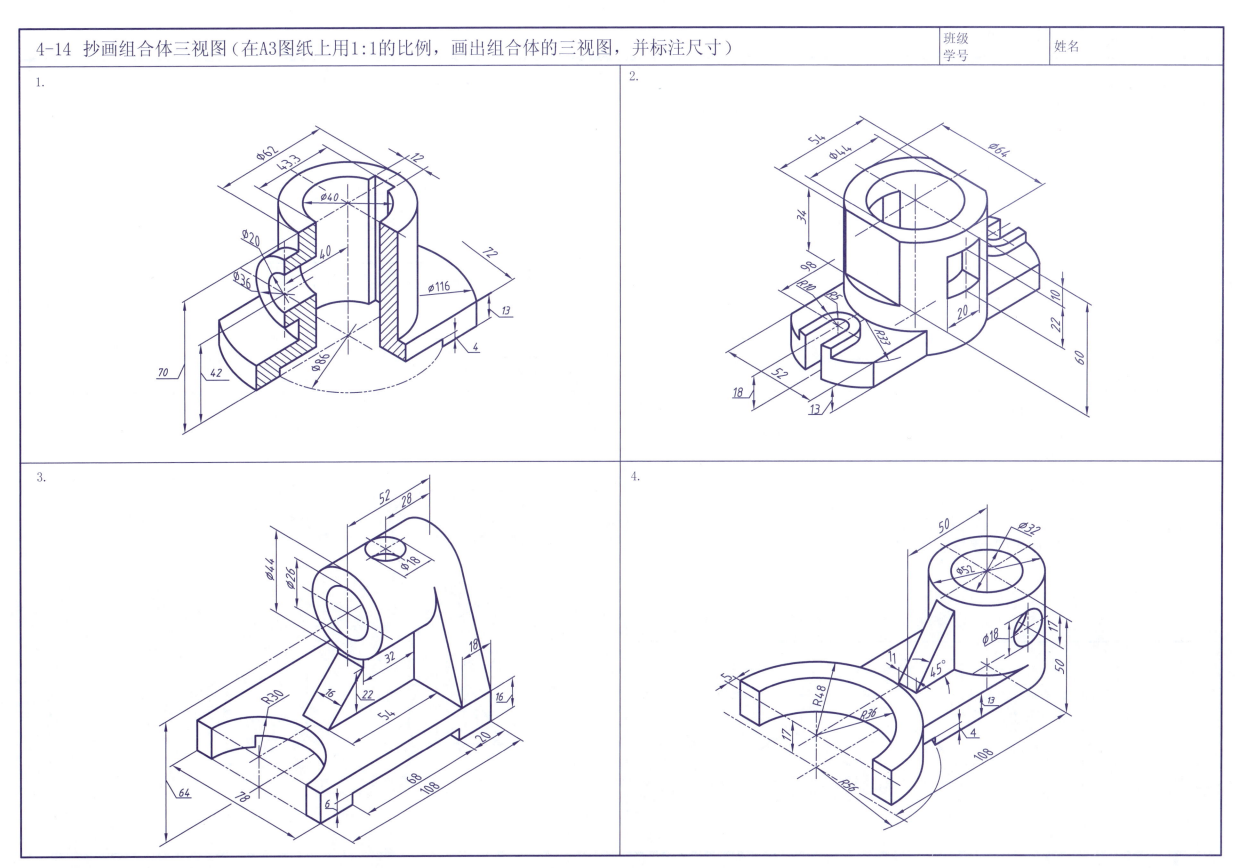

第5章 徒手画草图及轴测图

5-1 徒手画图基本练习	班级 学号	姓名

1.圆。

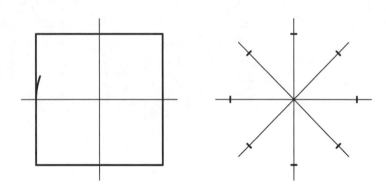

2.椭圆。

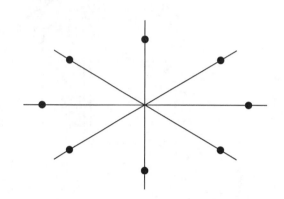

3.角度(由给出的点向右上方画不同角度的线段)。

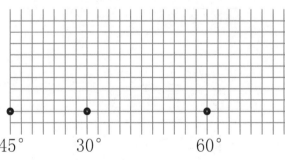

45° 30° 60°

4.圆柱和圆锥。

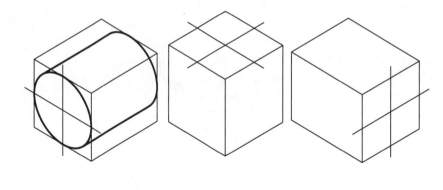

5.四分之一圆弧。

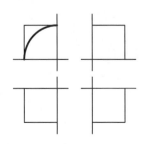
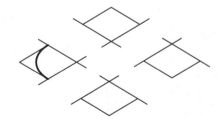

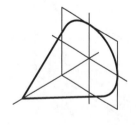
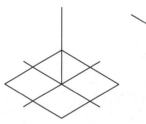
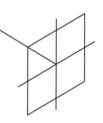

班级 学号	姓名

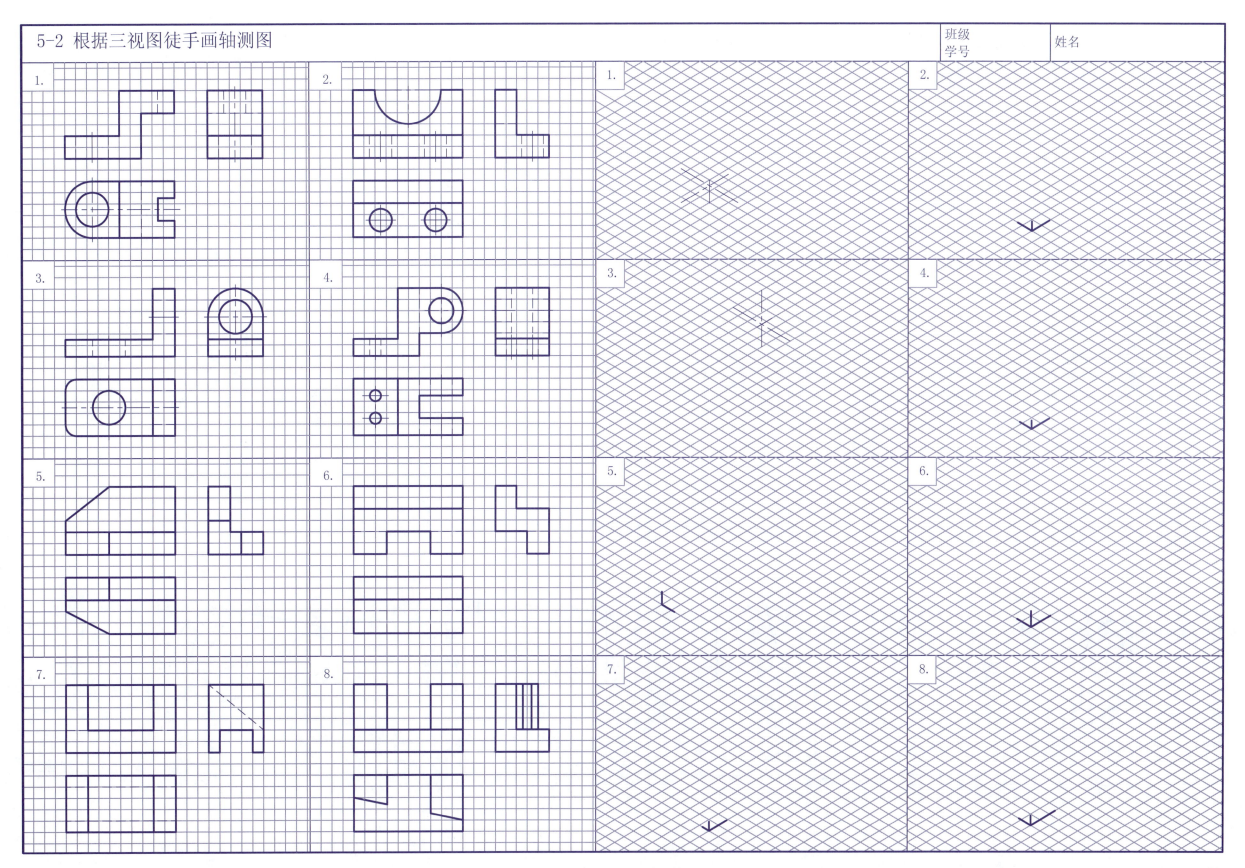

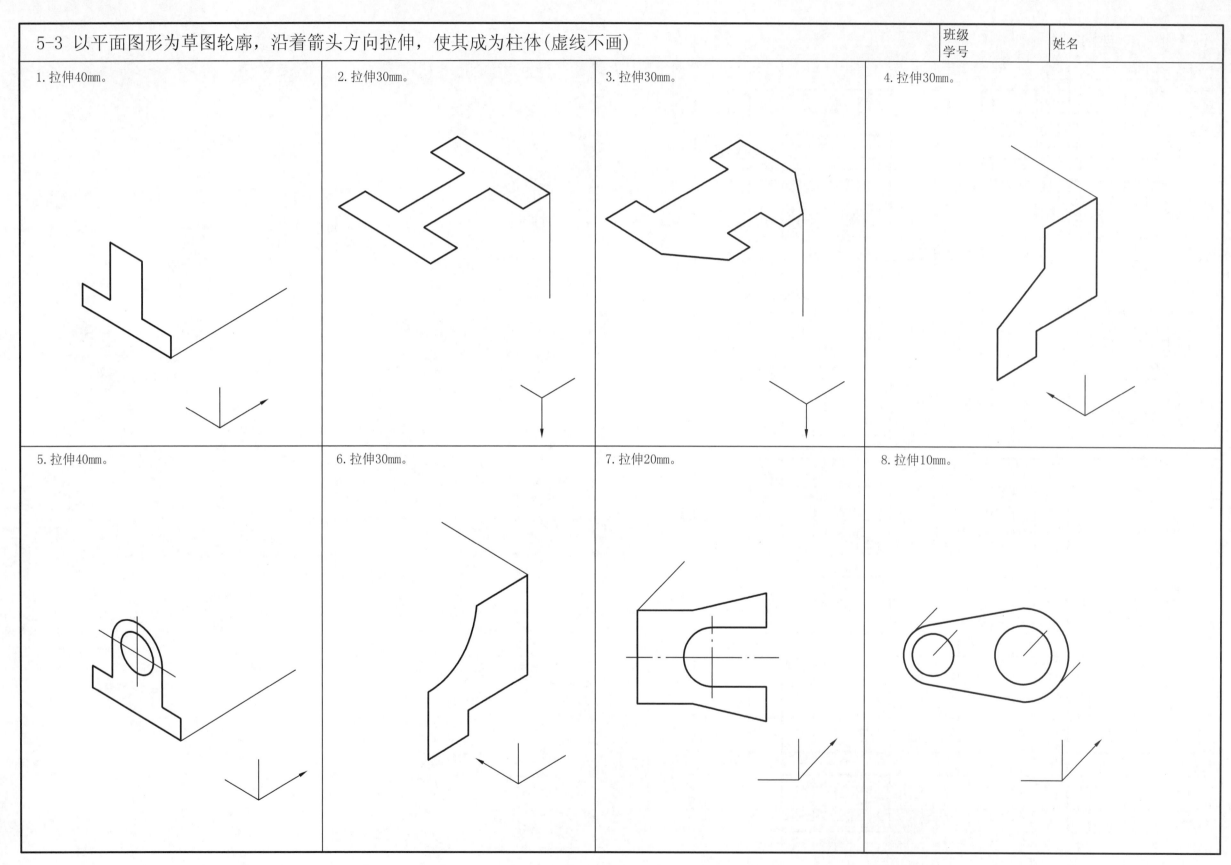

5-3 以平面图形为草图轮廓，沿着箭头方向拉伸，使其成为柱体（虚线不画）

班级
学号

姓名

1. 拉伸40mm。

2. 拉伸30mm。

3. 拉伸30mm。

4. 拉伸30mm。

5. 拉伸40mm。

6. 拉伸30mm。

7. 拉伸20mm。

8. 拉伸10mm。

一、填空题

1.轴测图中一般只画出＿＿＿＿＿＿＿＿部分，必要时才画出其＿＿＿＿＿＿＿＿部分。

2.轴测投影是将＿＿＿＿＿＿＿＿连同其＿＿＿＿＿＿＿＿，沿不平行于任一坐标平面的方向，用平行投影法将其投射在单一投影面上所得的图形，简称为＿＿＿＿＿＿＿＿。

3.正轴测投影是将物体＿＿＿＿＿＿＿＿放，然后用＿＿＿＿＿＿＿＿法向轴测投影面投射，斜轴测投影是将物体＿＿＿＿＿＿＿＿放，然后用＿＿＿＿＿＿＿＿法向轴测投影面投射。

4.正等轴测图中，轴间角为＿＿＿＿＿＿＿＿，轴向变形系数通常取＿＿＿＿＿＿＿＿。斜二轴测图中，轴间角 $\angle X_1 O_1 Y_1 =$ ＿＿＿＿＿＿，$\angle X_1 O_1 Z_1 =$ ＿＿＿＿＿＿，$\angle Y_1 O_1 Z_1 =$ ＿＿＿＿＿＿，轴向变形系数 $p=1$、$q=0.5$、$r=1$。

二、选择题 (每题只选一个答案，将所选答案的编号填入括弧中)

1.轴测图中，可见轮廓线与不可见轮廓线的画法应是：……………………………( )

  A. 可见部分和不可见部分都必须画出；   B. 只画出可见部分；

  C. 一般只画出可见部分，必要时才画出不可见部分。

2.绘制轴测图时，量取尺寸的方法是：……………………………………………( )

  A. 每一尺寸均从视图中按比例取定；   B. 必须沿轴测轴方向按比例取定；

  C. 一般沿轴测轴方向，必要时可以不沿轴测轴方向量取；

  D. 不能沿轴测轴方向量取。

3.空间互相平行的线段，在同一轴测投影中：……………………………………( )

  A. 互相不平行；   B. 根据具体情况，有时互相平行，有时两者不平行；

  C. 一定互相平行；   D. 一定互相垂直。

4.绘制轴测图时所采用的投影法是：………………………………………………( )

  A. 中心投影法；   B. 平行投影法；   C. 只能用正投影法；   D. 只能用斜投影法。

三、是非题 (正确的画"○"，错误的打"×")

1.绘制轴测图时，必须沿轴测轴方向取定尺寸。……………………………………( )

2.轴测图只能用作辅助性图样，不能作为产品图样。………………………………( )

3.轴测图均是视图。……………………………………………………………………( )

4.正等轴测图的轴间角均为120°。…………………………………………………( )

5.用轴测图表示物体时，只能用来表示物体的形状，不可用来表示物体的大小。……( )

6.为方便作图，绘制正等轴测图时的轴向伸缩系数采用简化伸缩系数。…………( )

7.与轴测轴平行的线段，必须按该轴的轴向伸缩系数进行度量。………………( )

班级
学号

姓名

1.

2.

3.

4.

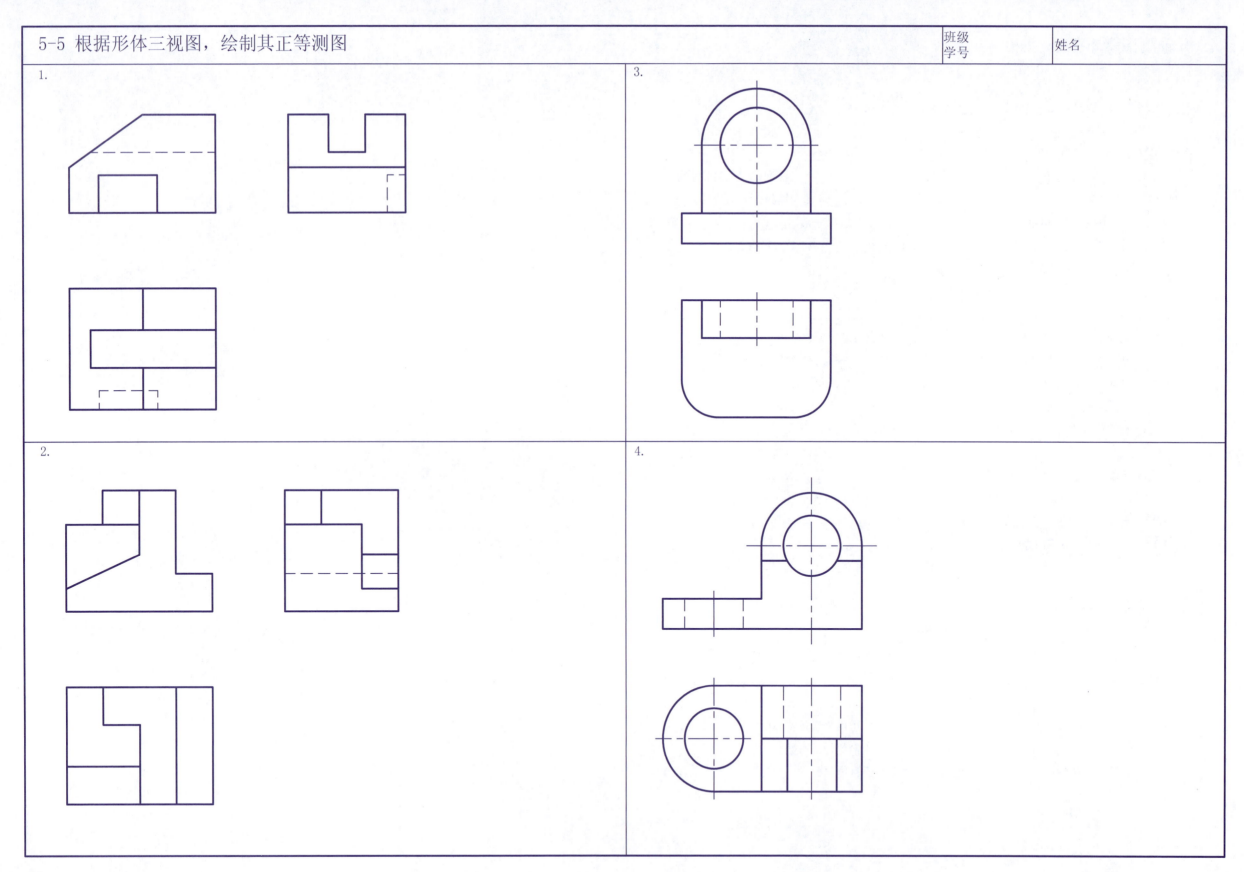

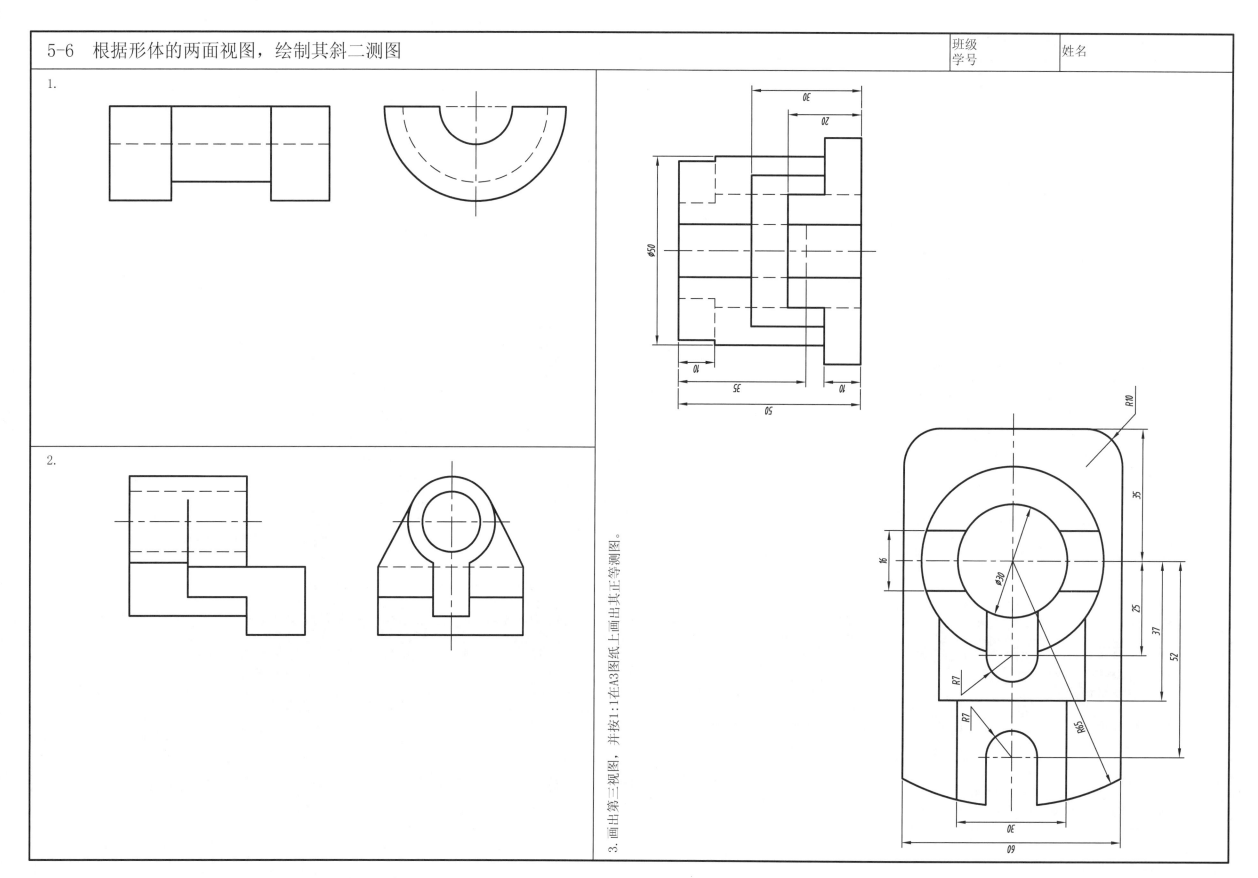

5-6 根据形体的两面视图，绘制其斜二测图

班级
学号

姓名

1.

2.

3. 画出第三视图，并按1:1在A3图纸上画出其正等测图。

第6章 基本视图及表达方法

6-1 图样的基本表示法(1)

班级 学号　　姓名

一、填空题

1.现行的国家标准规定,视图通常有基本视图、_____、_____、_____四种。

2.向视图是可以_____的视图。当指明投射方向的箭头附近注有字母A时,则在相应的向视图的上方应标注_____。

3.局部视图是将物体的某一部分向_____投射所得的视图。局部视图可按_____的配置形式配置,也可按_____画法配置,此时应用细点画线使其与相应视图相连。

4.斜视图是物体向不平行于_____的平面投射所得的视图。斜视图通常按_____的配置形式配置并标注。必要时,允许将斜视图旋转配置。当某一旋转配置的斜视图的名称为B,且必须注明旋转角度(例如顺时针转60°)时,则应在斜视图上方标注_____。

5.为了节省绘图时间和图幅,对称零件的视图可只画_____或_____,并在对称中心线的_____画出两条与其垂直的平行细实线。这种画法既属于简化画法,也可视为_____的画法特例。

6.根据物体的结构特点,可选择以下三种剖切面剖开物体:_____面;几个平行的剖切平面;_____面(交线垂直于某一投影面)。

7.在同一图号的图中,同一金属零件的剖视图、断面图的剖面线,应画成间隔相等、方向相同而且最好与_____线或剖面区域的_____线成45°角。

8.用剖切面完全剖开物体所得的剖视图称为_____图。它适用于_____比较复杂、_____比较简单的零件。

9.当机件具有对称平面时,向垂直于对称平面的投影面上投射所得的图形,可以以_____线为界,一半画成_____,另一半画成视图,这样的图形称为_____图。

10.沿剖切面局部剖开机件所得的剖视图称为_____图。它可用_____线或_____线分界,但分界线不应与图样上其他图线重合。

11.如有需要,允许在剖视图的剖面中再作一次局部的剖切,采用这种表达方法时,两个剖面的剖面线应同方向、同间隔,但要互相_____,并用指引线标注其_____。

12.用几个相交的剖切面(交线垂直于某一投影面)剖开机件画剖视图时要注意:先假想按剖切位置剖开机件,然后将被剖切面剖开的结构及其有关部分旋转到与选定的_____面平行再进行投射;在剖切面后的其他结构,一般仍按_____投射;当剖切后产生不完整要素时,应将此部分按_____绘制。

13.机械图样中,剖视图和断面图标注的三要素是:用_____指示剖切面的位置,此线可省略不画;用_____指示剖切面起、迄和转折位置(用粗短画)及_____(用箭头);用_____表示被剖图形的名称。

14.画移出断面时,当剖切面通过回转面形成的孔或凹坑的轴线时,这些结构按_____绘制;当剖切面通过非圆孔,会导致出现完全分离的剖面区域时,则这些结构应按_____绘制。

15.移出断面图的轮廓线用_____绘制。重合断面图的断面轮廓线则用_____绘制。

16.将机件的部分结构,用大于_____所采用的比例画出的图形称为局部放大图。局部放大图上方标注的比例是指局部放大图的_____与其_____相应要素的线性尺寸之比。

17.画局部放大图时应注意:局部放大图可画成_____、_____、_____,它与被放大部分的表达方式无关。

18.在不致引起误解时,图形中的过渡线、相贯线可以简化,例如用_____或_____代替非圆曲线,也可采用_____画法表示相贯线。

19.与投影面倾斜角度小于或等于_____的圆或圆弧,其投影可用圆或圆弧代替。

20.某斜视图A顺时针旋转后配置,则应在其图形上方标注_____;若需注出旋转30°,则图形上方应标注_____。

21.机械制图的剖视图和断面图表示法应遵循_____年和_____年发布的国家标准。

二、选择题(每题只选一个答案,将所选答案的编号填入括弧中)

1.局部放大图的比例是指相应要素的线性尺寸之比,具体是指:……………( )
　A. 局部放大图的图形比原图形;　　B. 局部放大图的图形比其实物;
　C. 原图形比其局部放大图的图形;　D. 实物比其局部放大图的图形。

2.在机械图样中,重合断面的轮廓线应采用:……………………………( )
　A. 粗实线;　B. 细实线;　C. 细虚线;　D. 细双点画线。

3.根据图样画法的最新国家标准,视图可分为:………………………( )
　A. 基本视图、局部视图、斜视图和旋转视图四种;
　B. 基本视图、向视图、局部视图、斜视图和旋转视图五种;
　C. 基本视图、向视图、局部视图和旋转视图四种;
　D. 基本视图、向视图、斜视图和旋转视图四种。

4.表示某一向视图的投射方向的箭头附近注有字母"N",则应在该向视图的上方标注为:……………………………………………………………………( )
　A. N向;　　B. N;　　C. N或N向。

5.斜视图的配置和标注通常按:……………………………………………( )
　A. 基本视图配置;　　B. 必须旋转配置;
　C. 向视图的配置形式配置并标注,必要时允许旋转配置。

6.当将斜视图旋转配置时,表示该视图名称的字母应置于:……………( )
　A. 旋转符号的前面;　　B. 旋转符号的后面;
　C. 旋转符号的前后都可以;　D. 靠近旋转符号的箭头端。

7.局部视图的配置规定是:…………………………………………………( )
　A. 按基本视图的配置形式配置;　B. 按向视图的配置形式配置并标注;
　C. A、B均可;　　　　D. A、B均可,且可按第二角画法配置。

8.画半剖视图时,视图与剖视的分界线应是:……………………………( )
　A. 粗实线;　B. 细实线;　C. 细点画线;　D. 细双点画线。

9.画局部剖视图时,断裂处的边界线应采用:……………………………( )
　A. 波浪线;　B. 双折线;　C. A或B均可;　D. 细双点画线。

10.一组视图中,当一个视图画成剖视图后,其他视图的正确画法是:……( )
　A. 剖去的部分不需画出;　　B. 也要画成剖视图,但应保留被剖切的部分;
　C. 完整性应不受影响,是否取剖应视需要而定。

11.当视图中的轮廓线与重合断面的图形重合时,视图中轮廓线的画法是:( )
　A. 仍应连续画出,不可间断;　B.一般应连续画出,有时可间断;
　C. 应断开,让位于断面图。

班级 学号　姓名

12.画移出断面图时，当剖切面通过非圆孔，会出现完全分离的剖面区域时，则：....（　）
　　A.这些结构应按剖视要求绘制；　　B.不能再画成断面图，应完全按剖视绘制；
　　C.仅画出该剖切面与机件接触部分的图形。

13.由两个相交的剖切平面剖切得出的移出断面，画图时：............（　）
　　A.中间一定要断开；B.中间一定不断开；
　　C.中间一般应断开，也可不断开；D.中间一般不断开。

14.局部放大图可画成视图、剖视、断面，它与被放大部分表达方式间的关系是：.....（　）
　　A.必须对应一致；　B.有一定的对应关系；
　　C.无对应关系，视需要而定。

15.对机件的肋、轮辐及薄壁等，如按纵向剖切，这些结构都不画剖面符号，而用一种图线将它与相邻部分分开，这种图线是：......................（　）
　　A.粗实线；B.细实线；B.细点画线；D.细虚线。

16.当零件回转体上均匀分布的肋、轮辐、孔等结构不处于剖切平面上时，则可将这些结构：...（　）
　　A.按不剖绘制；　　B.按剖切位置剖到多少画多少；
　　C.旋转到剖切平面上画出；　　D.均省略不画。

17.当回转体零件上的平面在图形中不能充分表达时，可用一种符号表示这些平面，这种符号的画法是：...................（　）
　　A.两条平行的细实线；　B.两条相交的细实线；
　　C.两条相交的细点画线；D.两条相交的粗实线。

18.与投影面倾斜角度小于或等于30°的圆或圆弧，其投影：..........（　）
　　A.应画成椭圆或椭圆弧；　　B.可用圆或圆弧代替；C.可用多边形代替。

19.对机件上斜度很小的结构，如在一个图形中已表达清楚，其他的图形画法是：...（　）
　　A.可按小端画出；　B.可按大端画出；C.必须按真实的投影画出。

20.我国现行的投影体制可表述为：..................（　）
　　A.机件的图形按正投影法绘制，并采用第一角画法；
　　B.技术图样应采用正投影法绘制，并优先采用第一角画法，必要时允许使用第三角画法；
　　C.技术图样按正投影法绘制，并采用第一角或第三角画法。

21.用向视图表达机件的后面(即后视图)时，表示投射方向的箭头应指向：..........（　）
　　A.相当于左视图或右视图的图形；　B.相当于俯视图或仰视图的图形；
　　C.相当于左视图的图形，仅此一种方案。

22.对下图画法的归类，有三种解释，正确的解释是：..............（　）
　　A.只能理解为属于简化画法；　B.只能理解为属于局部视图；
　　C.既可理解为简化画法也可理解为属于局部视图。

23.供剖视图选用的三种剖切面(单一剖切面、几个平行的剖切平面和几个相交的剖切面)的应用范围有三种说法，正确的说法是.........................（　）
　　A.三种剖切面只适用于绘制剖视图；B.三种剖切面均可供绘制剖视图、断面图选用；
　　C.三种剖切面主要用于绘制剖视图，其中仅有一种"争一剖切面"也可用于绘制断面图。

三、是非题 (正确的画"○"，错误的打"×")

1.视图和剖视的分界线用波浪线，也可采用双折线，半剖视图则应采用细点画线为分界线。...（　）

2.根据1998年发布的《技术制图图样画法视图》国家标准规定，视图通常有基本视图、向视图、局部视图和斜视图四种。................（　）

3.斜视图旋转配置后标注时，表示该视图名称的字母应靠近旋转符号的箭头端。......（　）

4.局部视图必定是基本视图的一部分。...........（　）

5.剖视图可分为全剖视图、半剖视图和局部剖视图三种。.................（　）

6.剖视图可分别采用三种剖切面，它们并不适用于断面图。..............（　）

7.局部剖视图的断裂边界只能用波浪线分界，不能用其他图线表示。......（　）

8.剖视图的剖面区域中可再作一次局部的剖切，采用这种表达方法时，两个剖区域的剖面线方向应错开，但间隔应相等。...............（　）

9.剖视图是用剖切面假想地剖开机件，所以，当机件的一个视图画成剖视图后，其他视图的完整性应不受影响，一般仍应完整视图画出。...........（　）

10.基本视图的配置规定同样适用于剖视图。剖视图也可按投影关系配置在与剖切符号相对应的位置，必要时，允许配置在其他适当的位置。.............（　）

11.画移出断面时，当断面图形是对称的，可以画在视图的中断处，而不必标注。.....（　）

12.由两个或多个相交的剖切面剖切得出的移出断面，中间一般应断开。..........（　）

13.局部放大图上方标注的比例是指局部放大的图形与其原图形相应要素的线性尺寸之比。..................................（　）

14.凡是较长的机件(轴、杆、型材、连杆等)，沿长度方向的形状一致或按一定规律变化时可断开后缩短绘制，并仍按设计要求的尺寸进行标注。..........（　）

15.与投影面倾斜的圆或圆弧，其投影均可简化用圆或圆弧代替。.............（　）

16.机件上斜度不大的结构，如在一个图形中已表达清楚时，其他图形可按其小端画出。...（　）

17.向视图是基本视图的另一种表达方式，是移位但不旋转配置的基本视图。..........（　）

18.当局部视图按基本视图的配置形式配置，且无其他视图隔开时，则不必标注。.....（　）

19.当用局部视图表示机件上某部分的结构时，无论该结构是否对称，均可将局部视图配置在相应视图中的该结构附近，并用细点画线连接两图，且无需另行标注。（　）

20.不对称的重合断面图必须标注剖切符号。.........（　）

21.为与国际接轨，我国国家标准规定，应优先采用第一角画法，必要时也可采用第三角画法。...（　）

22.某图样的标题栏中的比例为1：2，表达某一局部结构而单独画出的图形上方标注的比例是1：1，则此图形应称为局部放大图。..................（　）

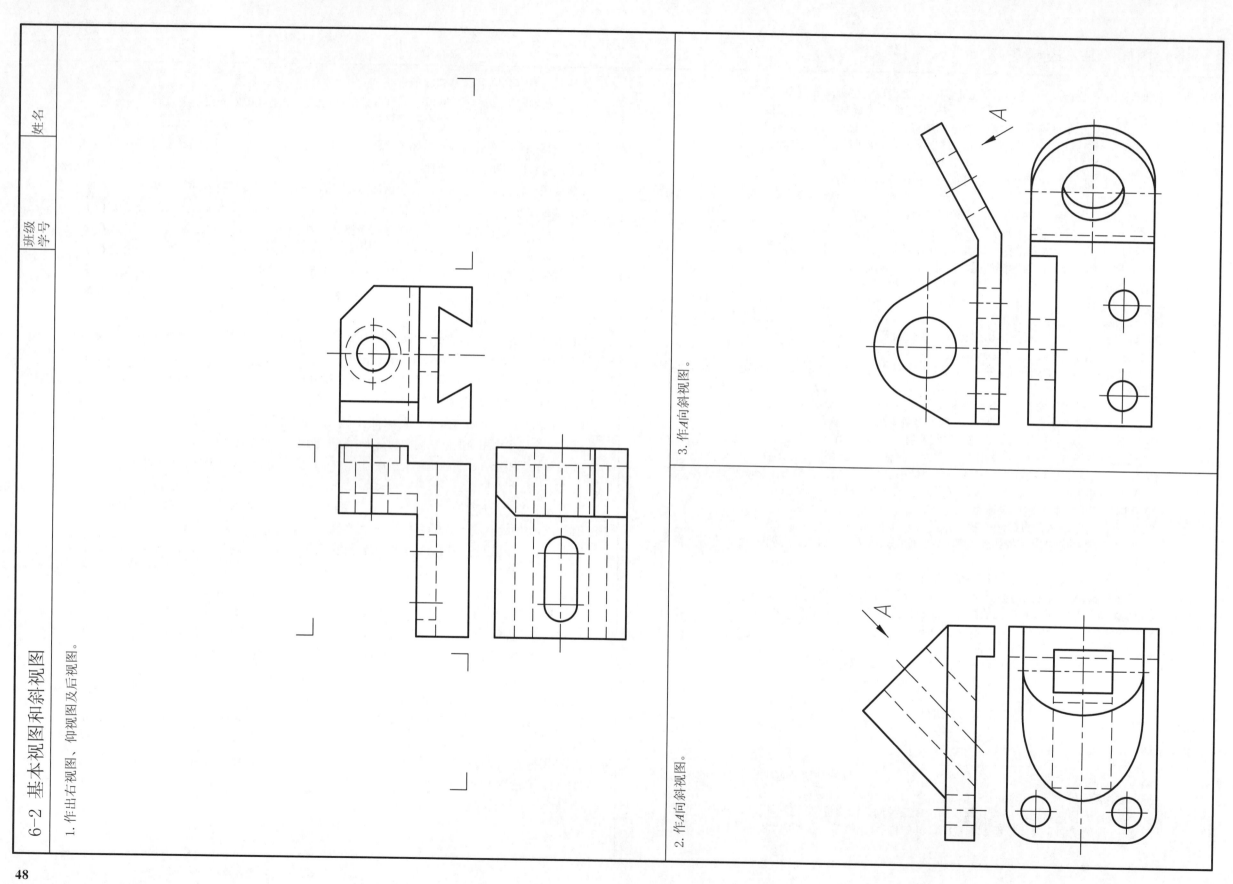

6-2 基本视图和斜视图

1. 作出右视图、仰视图及后视图。

2. 作A向斜视图。

3. 作A向斜视图。

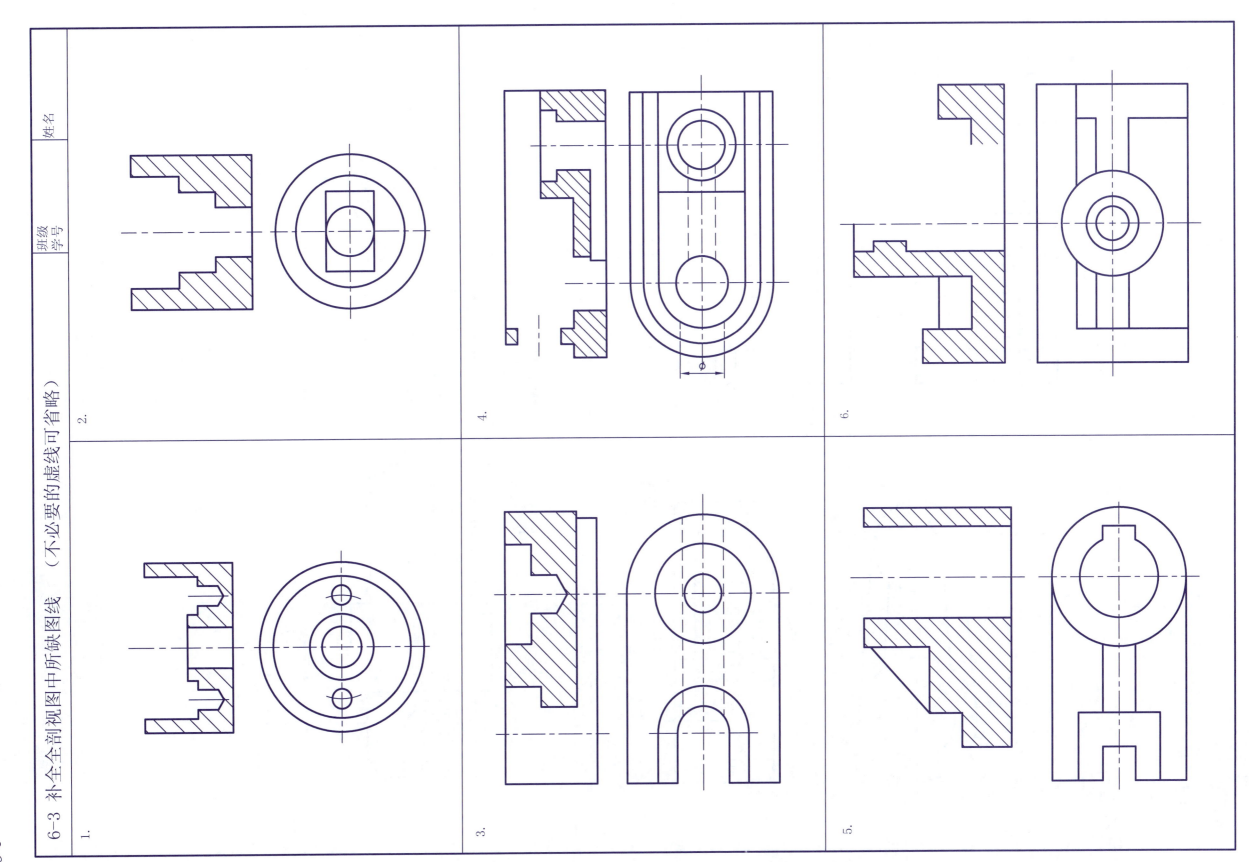

6-3 补全全剖视图中所缺图线 （不必要的虚线可省略）

班级　学号

姓名

1.

2.

3.

4.

5.

6.

49

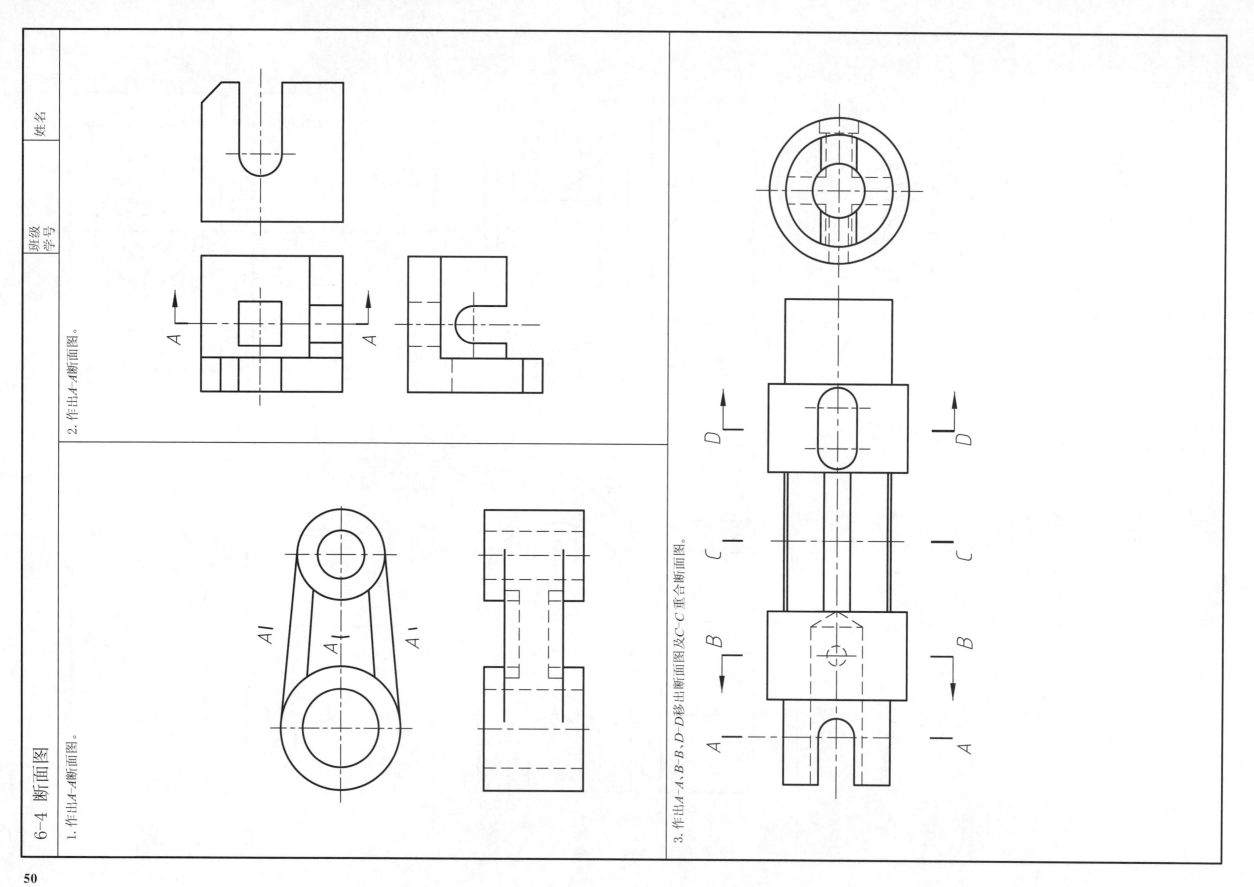

6-4 断面图

1. 作出A–A断面图。

2. 作出A–A断面图。

3. 作出A–A、B–B、D–D移出断面图及C–C重合断面图。

班级 学号

姓名

50

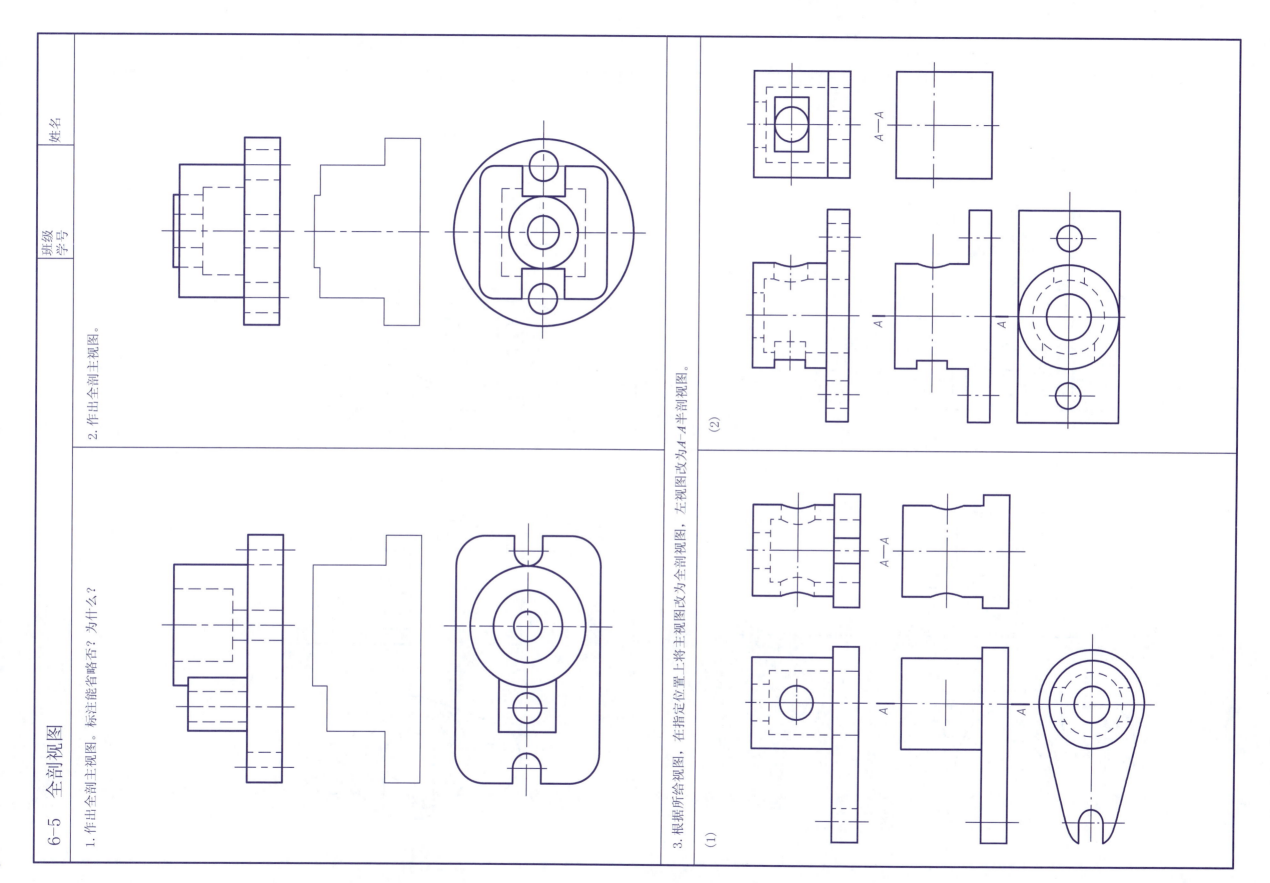

6-5 全剖视图

1. 作出全剖主视图。标注能省略否？为什么？

2. 作出全剖主视图。

3. 根据所给视图，在指定位置上将主视图改为全剖视图，左视图改为 A—A 半剖视图。

(1)

(2)

A—A

A—A

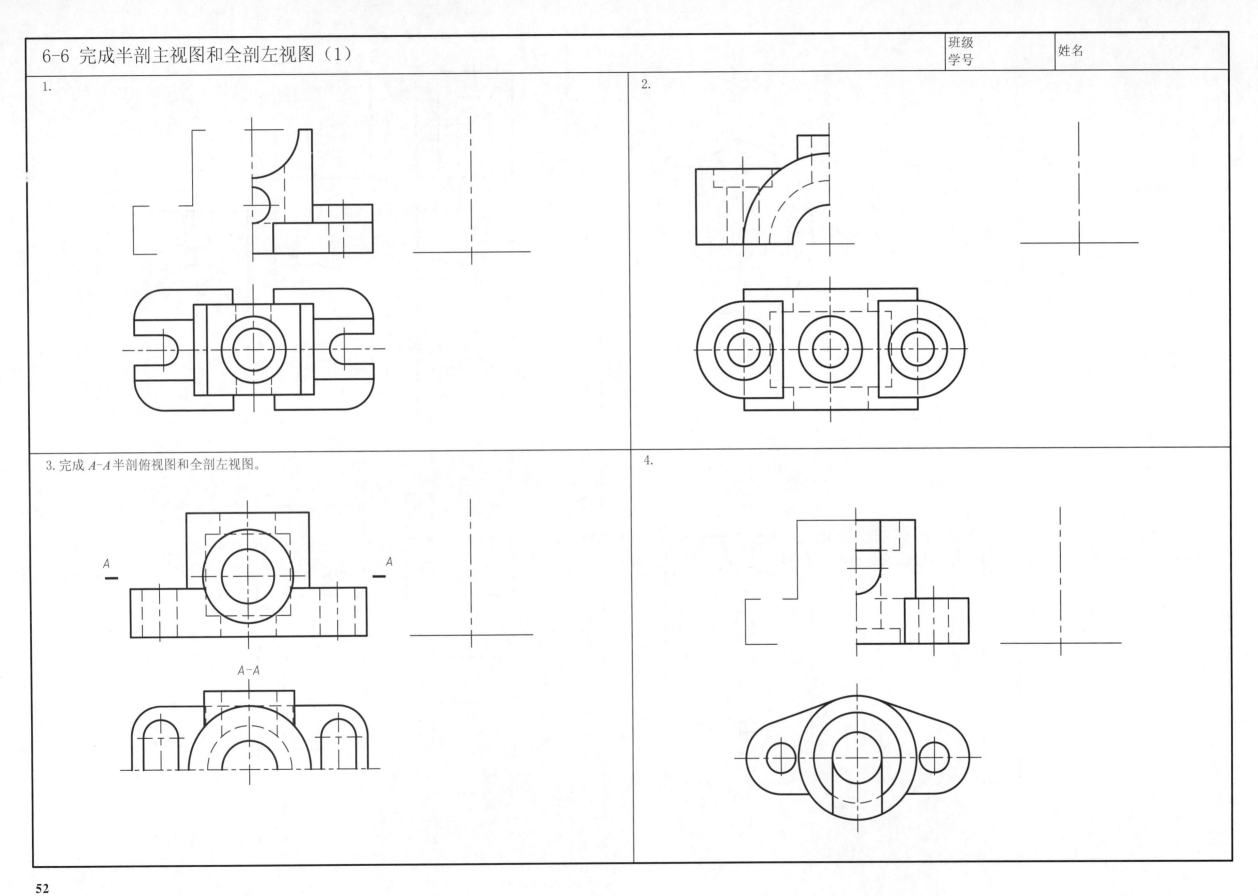

6-6 完成半剖主视图和全剖左视图（1）

班级
学号

姓名

1.

2.

3.完成 A-A 半剖俯视图和全剖左视图。

A — A

A-A

4.

52

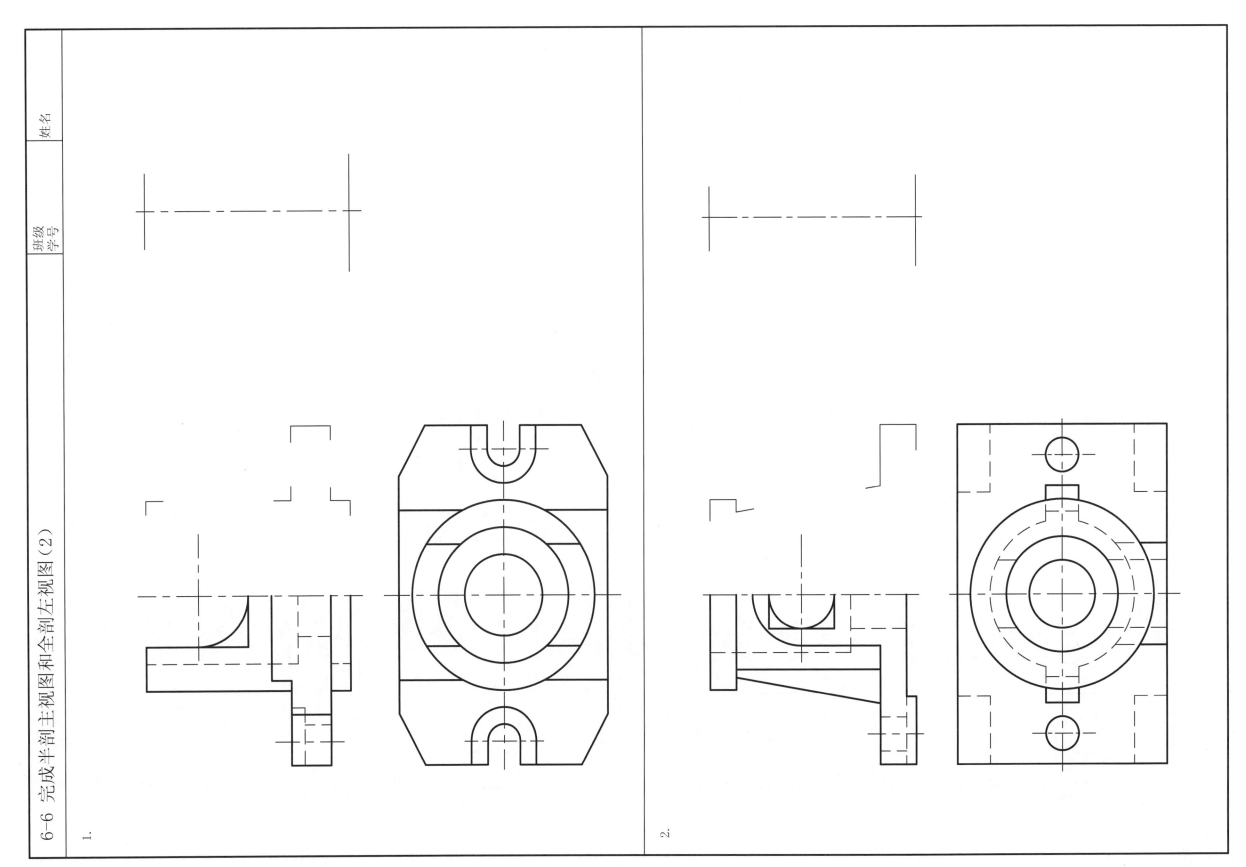

6-6 完成半剖主视图和全剖左视图（2）

1.

2.

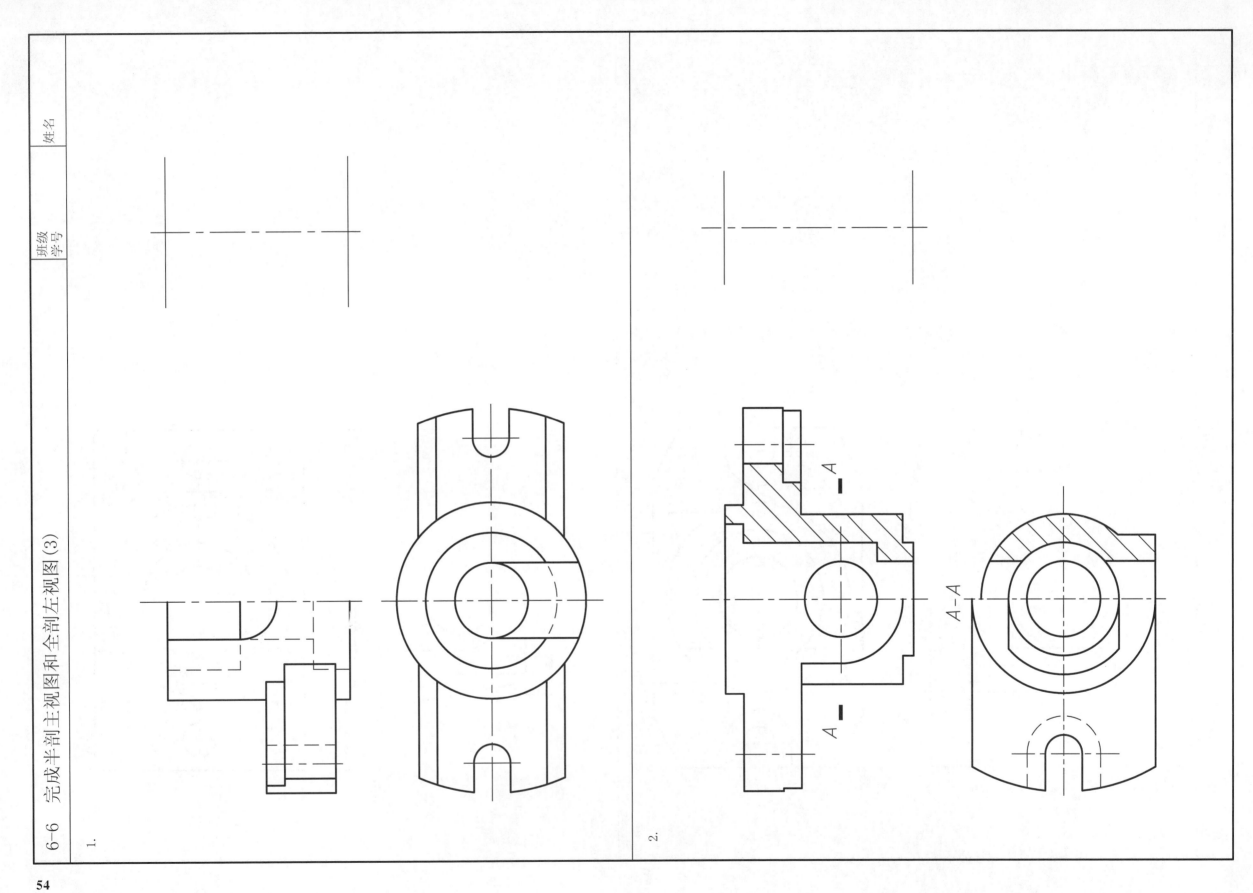

6-6　完成半剖主视图和全剖左视图 (3)

1.

2.

A—A

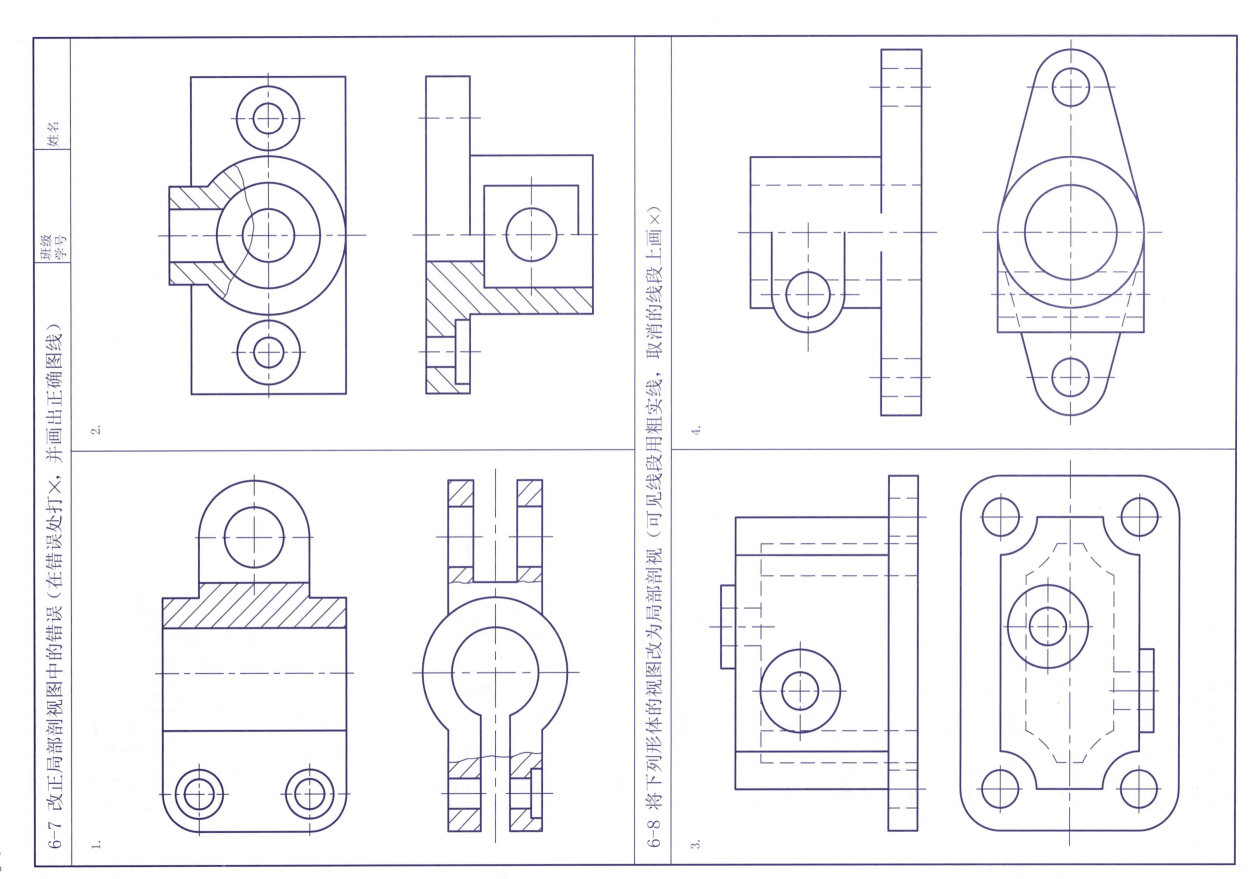

6-7 改正局部剖视图中的错误（在错误处打×，并画出正确图线）

1.

2.

6-8 将下列形体的视图改为局部剖视（可见线段用粗实线，取消的线段上画×）

3.

4.

班级　学号　姓名

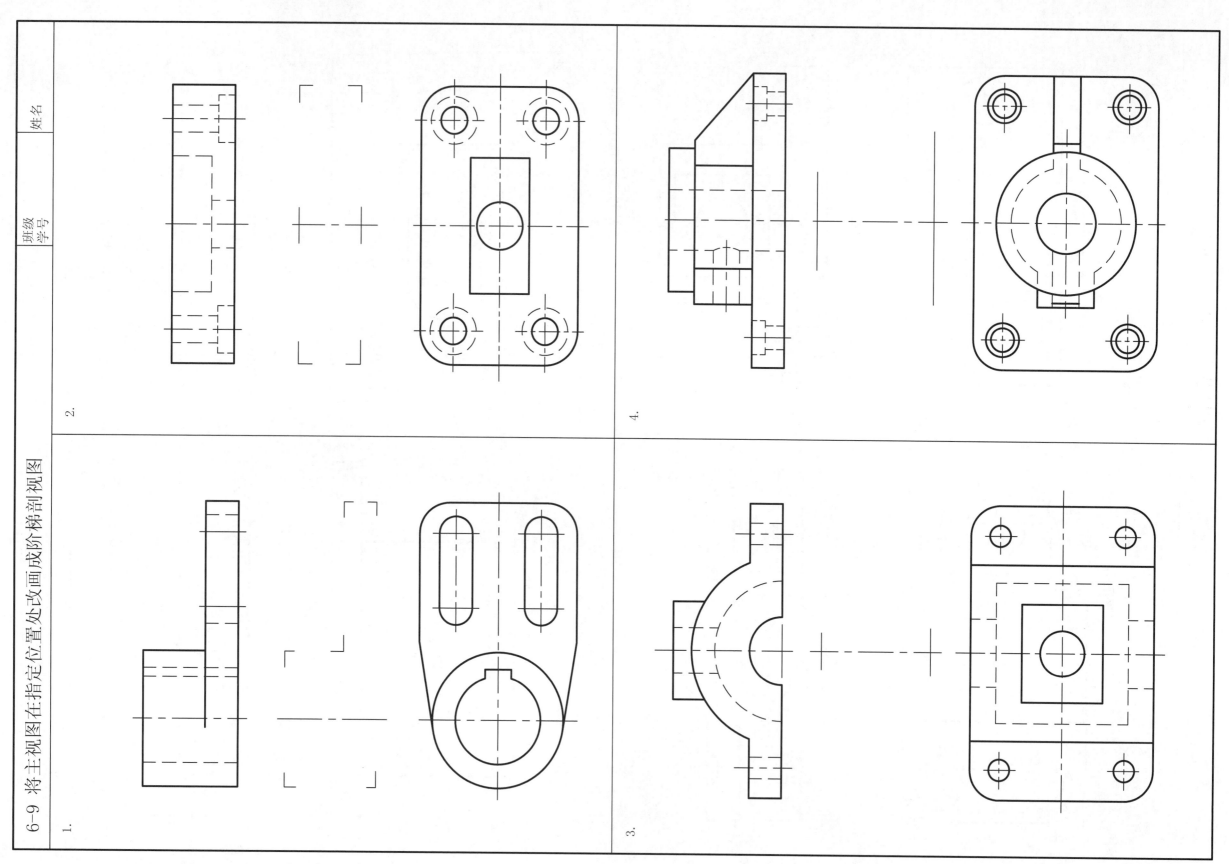

6-9 将主视图在指定位置处改画成阶梯剖视图

1.

2.

3.

4.

班级　姓名
学号

56

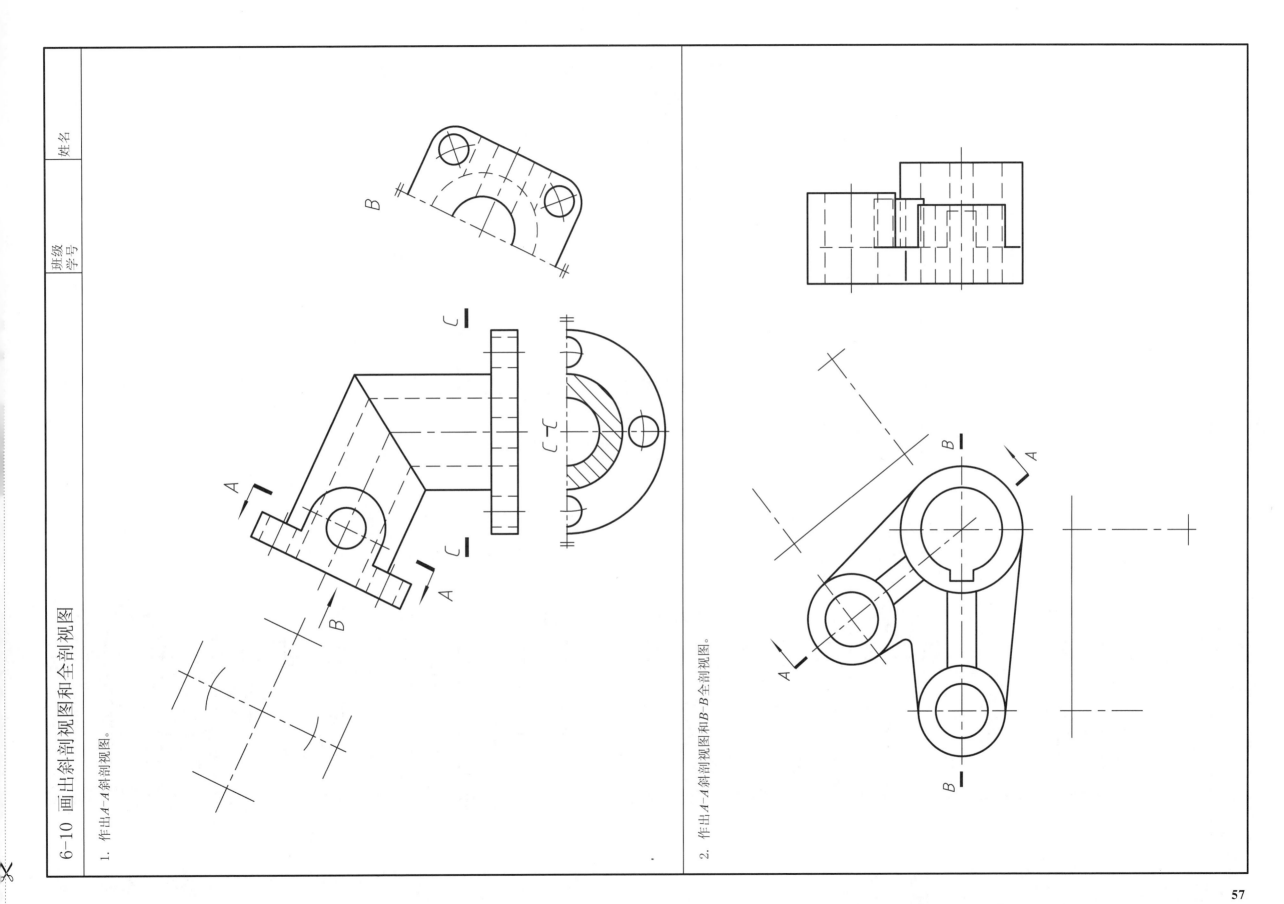

6-10 画出斜剖视图和全剖视图

1. 作出 A-A 斜剖视图。

2. 作出 A-A 斜剖视图和 B-B 全剖视图。

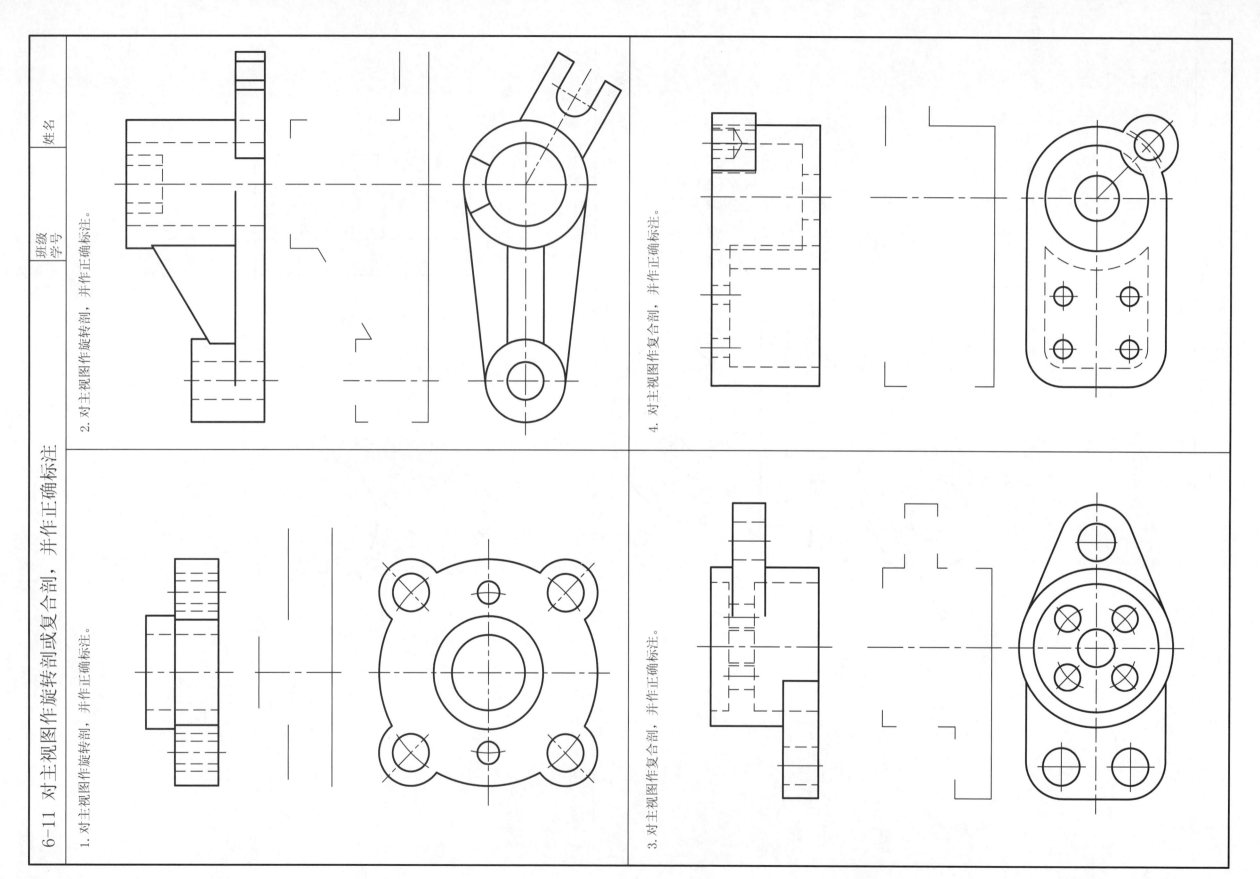

6-11 对主视图作旋转剖或复合剖，并作正确标注

1. 对主视图作旋转剖，并作正确标注。

2. 对主视图作旋转剖，并作正确标注。

3. 对主视图作复合剖，并作正确标注。

4. 对主视图作复合剖，并作正确标注。

班级　学号　姓名

1. 用规定标注方式把下面的视图、剖视图、断面联系起来。

2. 用规定标注方式把下面的视图、剖视图联系起来。

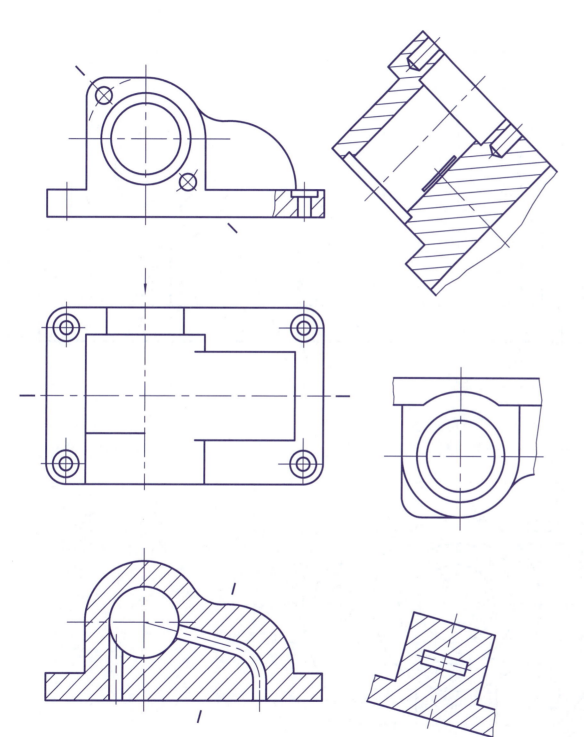

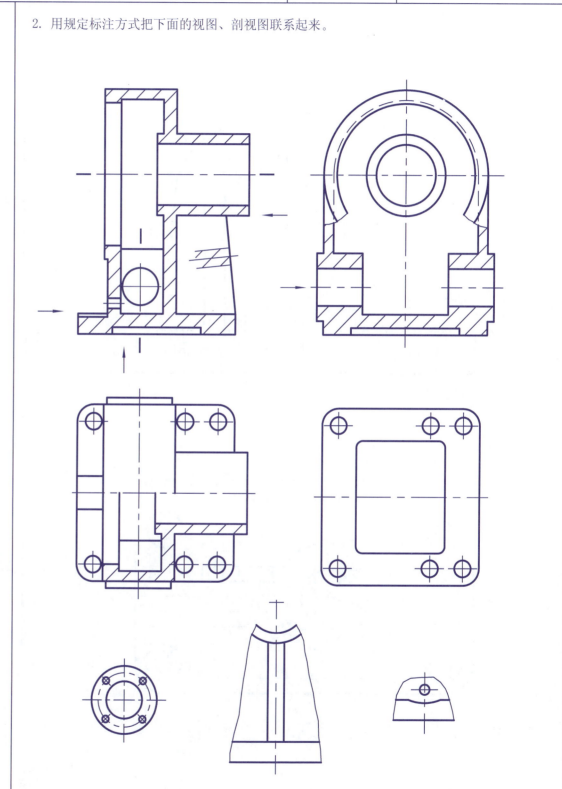

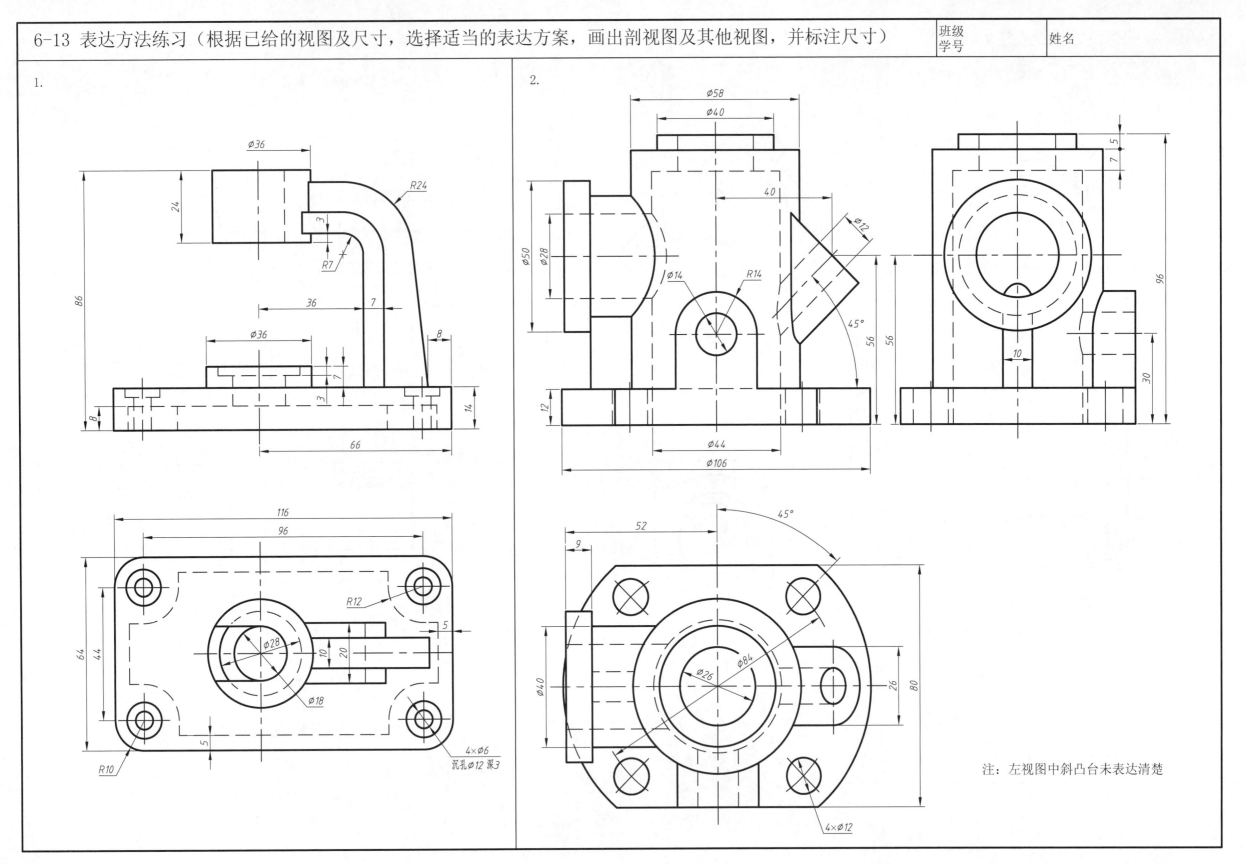

注：左视图中斜凸台未表达清楚

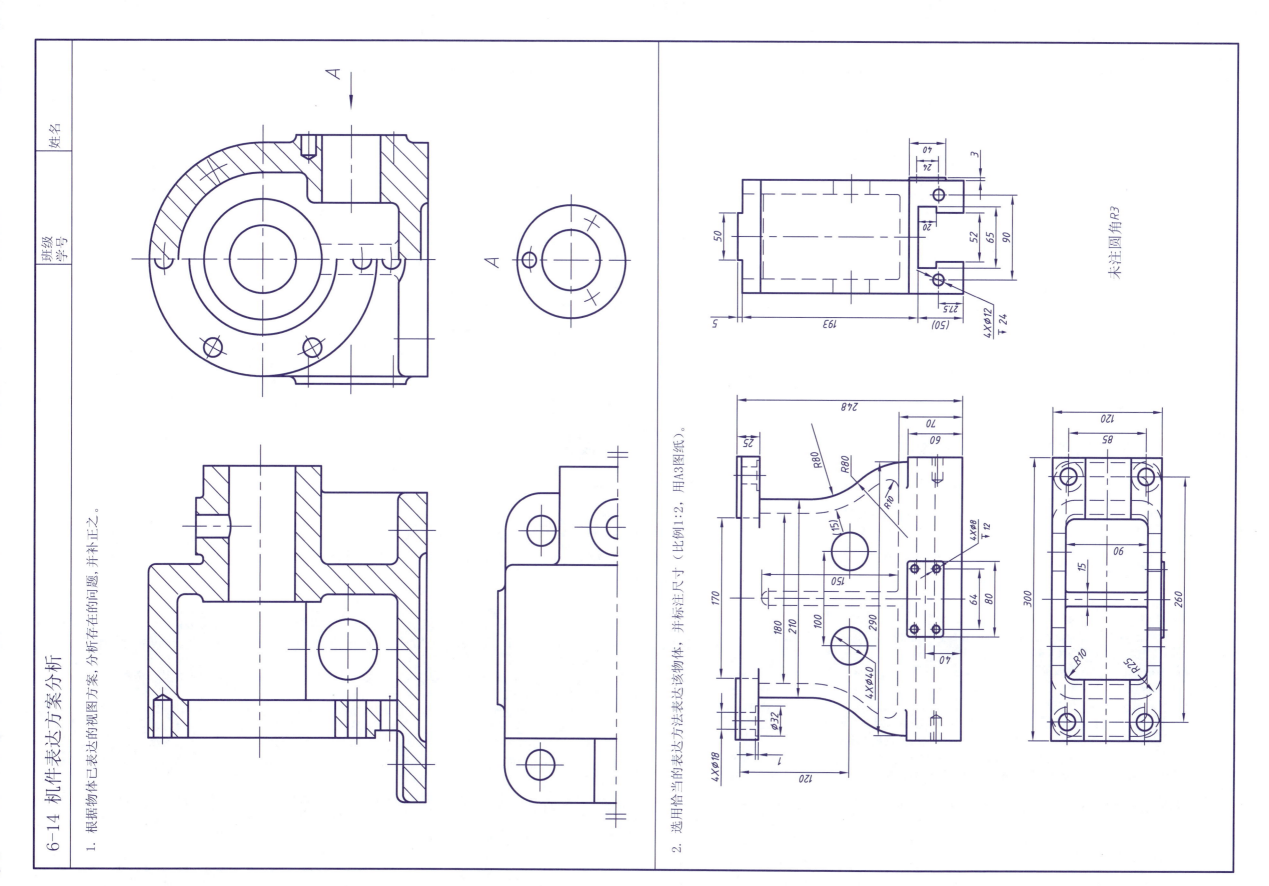

6-14 机件表达方案分析

1. 根据物体已表达的视图方案，分析存在的问题，并补正之。

2. 选用恰当的表达方法表达该物体，并标注尺寸（比例1:2，用A3图纸）。

未注圆角R3

第7章 标准件及常用件

7-1 图样中的特殊表示法

班级 学号　　姓名

一、填空题

1.螺纹牙顶圆的投影用＿＿＿＿＿＿线表示，牙底圆的投影用＿＿＿＿＿＿线表示，在垂直于螺纹轴线的投影面的视图中，表示牙底圆的＿＿＿＿＿＿线只画约四分之三圈，此时，螺杆或螺孔上的倒角投影＿＿＿＿＿＿画出(选填"也应"或"不应")。

2.有效螺纹的终止界线(简称螺纹终止线)用＿＿＿＿＿＿线表示。不可见螺纹的所有图线均用＿＿＿＿＿＿线绘制。无论是外螺纹或内螺纹，在剖视或断面图中的剖面线都应画到＿＿＿＿＿＿线。

3.在绘制不穿通的螺孔时，一般应将＿＿＿＿＿＿深度与＿＿＿＿＿＿的深度分别画出。

4.以剖视图表示内外螺纹的连接时，其旋合部分应按＿＿＿＿＿＿的画法绘制，其余部分仍按＿＿＿＿＿＿的画法表示。

5.公称直径以毫米为单位的螺纹，其标记应直接注在大径的＿＿＿＿＿＿上或其＿＿＿＿＿＿线上。

6.管螺纹，其标记一律注在引出线上，引出线应由＿＿＿＿＿＿处引出或由＿＿＿＿＿＿处引出。

7.图样中标注的螺纹长度均指不包括螺尾在内的＿＿＿＿＿＿长度；否则，应另加说明或按实际需要标注。

8.在装配图中，不穿通的螺纹孔可不画出钻孔深度，仅按＿＿＿＿＿＿部分的深度画出。

9.螺纹标记Rc3/8中的Rc是＿＿＿＿＿＿代号，它表示＿＿＿＿＿＿圆锥内螺纹，3/8是螺纹的＿＿＿＿＿＿。

10.轮齿部分一般按下列规定线绘制：齿顶圆和齿顶线用＿＿＿＿＿＿线绘制；分度圆和分度线用＿＿＿＿＿＿线绘制，齿根圆和齿根线用＿＿＿＿＿＿绘制，可省略不画，在剖视图中，齿根线用＿＿＿＿＿＿绘制。在剖视图中，当剖切平面通过齿轮的轴线时，轮齿一律按＿＿＿＿＿＿处理。当需要表示齿线的形状时，可用三条与齿线方向一致的＿＿＿＿＿＿线表示，直齿则不需要表示。

二、选择题(每题只选一个答案，将所选答案的编号填入括弧中)

1.螺纹有五个基本要素，它们是：…………………………………………( )
　A.牙型、直径、螺距、旋向和旋合长度；　B.牙型、直径、螺距、线数和旋向；
　C.牙型、直径、螺距、导程和线数；　D.牙型、直径、螺距、线数和旋合长度。

2.无论外螺纹或内螺纹，在剖视图或断面图中的剖面线都应画到：…………( )
　A.细实线；　B.牙底线；　C.粗实线；　D.牙底圆。

3.用剖视图表示内外螺纹的连接时，其旋合部分的画法应按：……………( )
　A.外螺纹；　B.内螺纹；　C.外螺纹或内螺纹均可。

4.图样中标注的螺纹长度均指：……………………………………………( )
　A.包括螺尾在内的有效螺纹长度；　B.不包括螺尾在内的有效螺纹长度；
　C.包括螺尾在内的螺纹总长度；　D.不包括螺尾在内的完整螺纹长度。

5.有一普通螺纹的公称直径为12mm，螺距为1.75mm，单线，中径公差带代号为6g，顶径公差带代号为6g，旋合长度为L，左旋。则正确的标记为：……………( )
　A.M12×1.75左-6g-L；　B.M12LH-6g6g-L；
　C.M12×1.75LH-6g-L；　D.M12LH-6g-L；
　E.M12-6g-L-LH；　F.M12-L-LH。

6.对螺纹标记M10×1-5g6g-L-LH中前段部分的正确称呼是：…………( )
　A.M10×1是尺寸代号；　B.M10×1是螺纹代号；　C.10×1是尺寸代号。

7.按现行螺纹标准，特征代号G表示的螺纹，其名称是：………………( )
　A.圆柱管螺纹；　B.55°非密封管螺纹；　C.非螺纹密封的管螺纹。

8.下列各图中，哪个图的螺栓连接画法是符合标准的?………………………( )

9.下列各图中，那个图的螺栓连接画法是符合标准的?………………………( )

10.国家标准《机械制图螺纹及螺纹紧固件表示法》的发布年份是：……………( )
　A.1984年；　B.1993年；　C.1995年；　D.1997年。

11.注写在螺纹标记最前面的字母应统一称为：………………………………( )
　A.螺纹牙型代号；　B.螺纹特征代号；　C.螺纹代号。

三、是非题(正确的画"○"，错误的打"×")

1.齿轮的齿顶圆和齿顶线用粗实线绘制；分度圆和分度线用细点画线绘制；齿根圆和齿根线用细实线绘制，也可省略不画；齿根线在剖视图中用粗实线绘制。……………………( )

2.有效螺纹的终止线，不论是在视图或剖视图中都应用粗实线表示。…………………( )

3.无论是外螺纹或内螺纹，在剖视或断面图中的剖面线都应画到牙顶线。………………( )

4.以剖视图表示内外螺纹连接时其旋合部分应按外螺纹的画法绘制。……………………( )

5.图样中标注的螺纹长度均指不包括螺尾在内的有效螺纹长度；否则，则需要标注。……( )

6.两圆柱齿轮啮合时，在垂直于圆柱齿轮轴线的投影面的视图中啮合区内的齿顶圆可沿边界画出也可中断，但分度圆必须相切。…………………………………………………( )

7.两圆柱齿轮啮合时，在平行于圆柱齿轮轴线的投影面视图中，啮合区内的齿顶线不需画出，只需在对应于分度圆相切处画一条细点画线。…………………………………………( )

8.在圆柱齿轮啮合的剖视图中当剖切平面通过两啮合齿轮的轴线时，在啮合区内，将一个齿轮的轮齿用粗实线绘制，另一个齿轮的轮齿被遮挡的部分用细虚线绘制，也可省略不画。…( )

9.管螺纹标记中的尺寸代号(如3/4)，是指该管螺纹的大径的基本尺寸。………………( )

10.普通螺纹标记中的公称直径是指螺纹的基本大径。………………………………( )

11.当普通螺纹为左旋时，应将其旋向代号"LH"注写在螺纹标记的最后。…………( )

12.某内螺纹的标记为"M8"，由这一简化标记无法确定螺纹的公差带代号。……………( )

13.55°密封管螺纹和60°密封管螺纹均可各自组成圆锥内螺纹与圆柱外螺纹的配合，或圆柱内螺纹与圆锥外螺纹的配合。………………………………………………………( )

14.采用简化画法绘制滚动轴承时，一律不画剖面符号。………………………………( )

7-2 改正螺纹规定画法中的错误，并在指定的位置处加以正确表达

1. 外螺纹。

2. 内螺纹。

3. 内、外螺纹连接。

4. 内、外螺纹连接。

7-3 已知下列螺纹标记，识别其意义并对照螺纹标准手册进行填表

代号	螺纹类别	公称直径	螺距	导程/头数	旋向	中径公差带代号	顶径公差带代号	旋合长度
M10-5g6g-s								
M10×1-6H								
M20×2左-5g								
Tr36×12(P6)LH-8e-L								
B40×7-7H								
G½A								
Rp1½								
R1½								

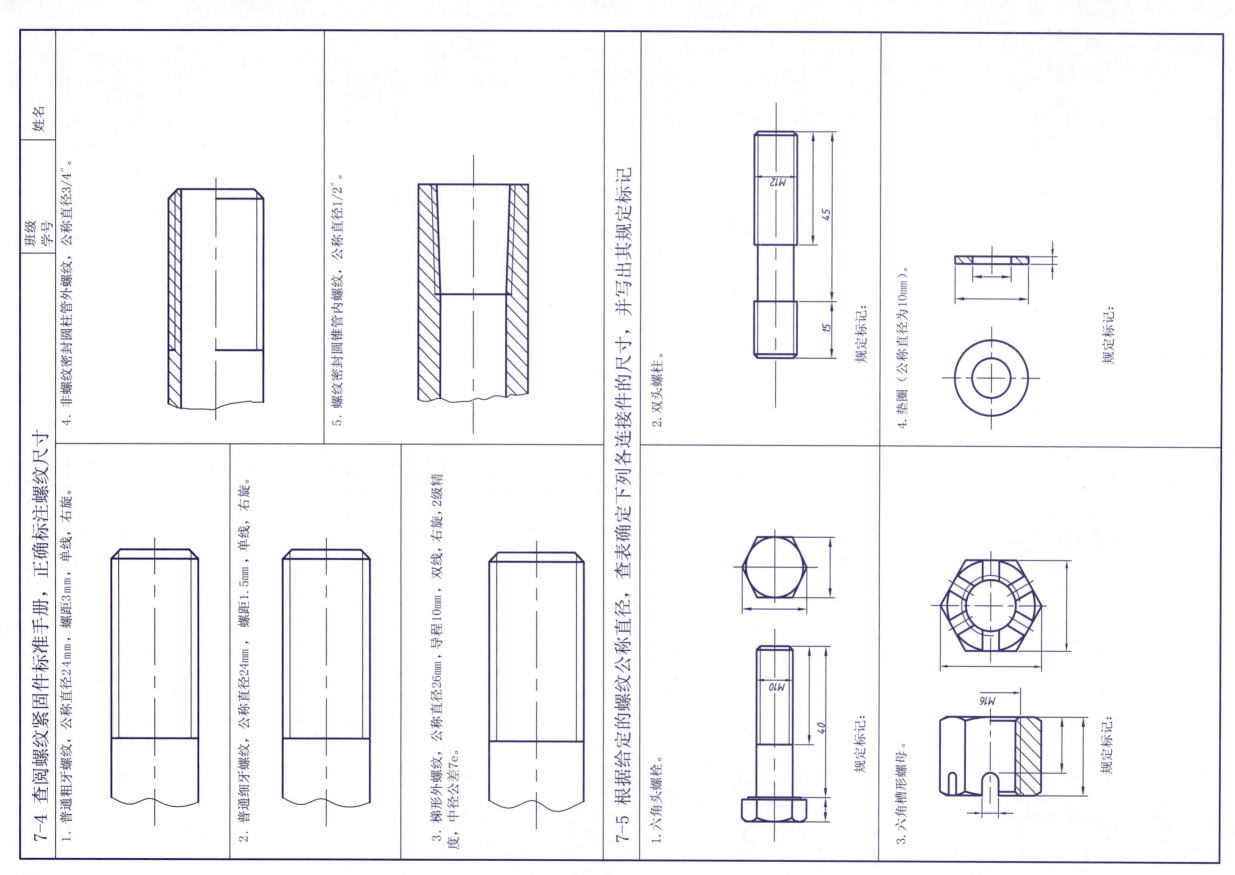

7-4 查阅螺纹紧固件标准手册，正确标注螺纹尺寸

1. 普通粗牙螺纹，公称直径24mm，螺距3mm，单线，右旋。

2. 普通细牙螺纹，公称直径24mm，螺距1.5mm，单线，右旋。

3. 梯形外螺纹，公称直径26mm，导程10mm，双线，右旋，2级精度，中径公差7e。

4. 非螺纹密封圆柱管外螺纹，公称直径3/4"。

5. 螺纹密封圆锥管内螺纹，公称直径1/2"。

7-5 根据给定的螺纹公称直径，查表确定下列各连接件的尺寸，并写出其规定标记

1. 六角头螺栓。

规定标记：

2. 双头螺柱。

规定标记：

3. 六角槽形螺母。

规定标记：

4. 垫圈（公称直径为10mm）。

规定标记：

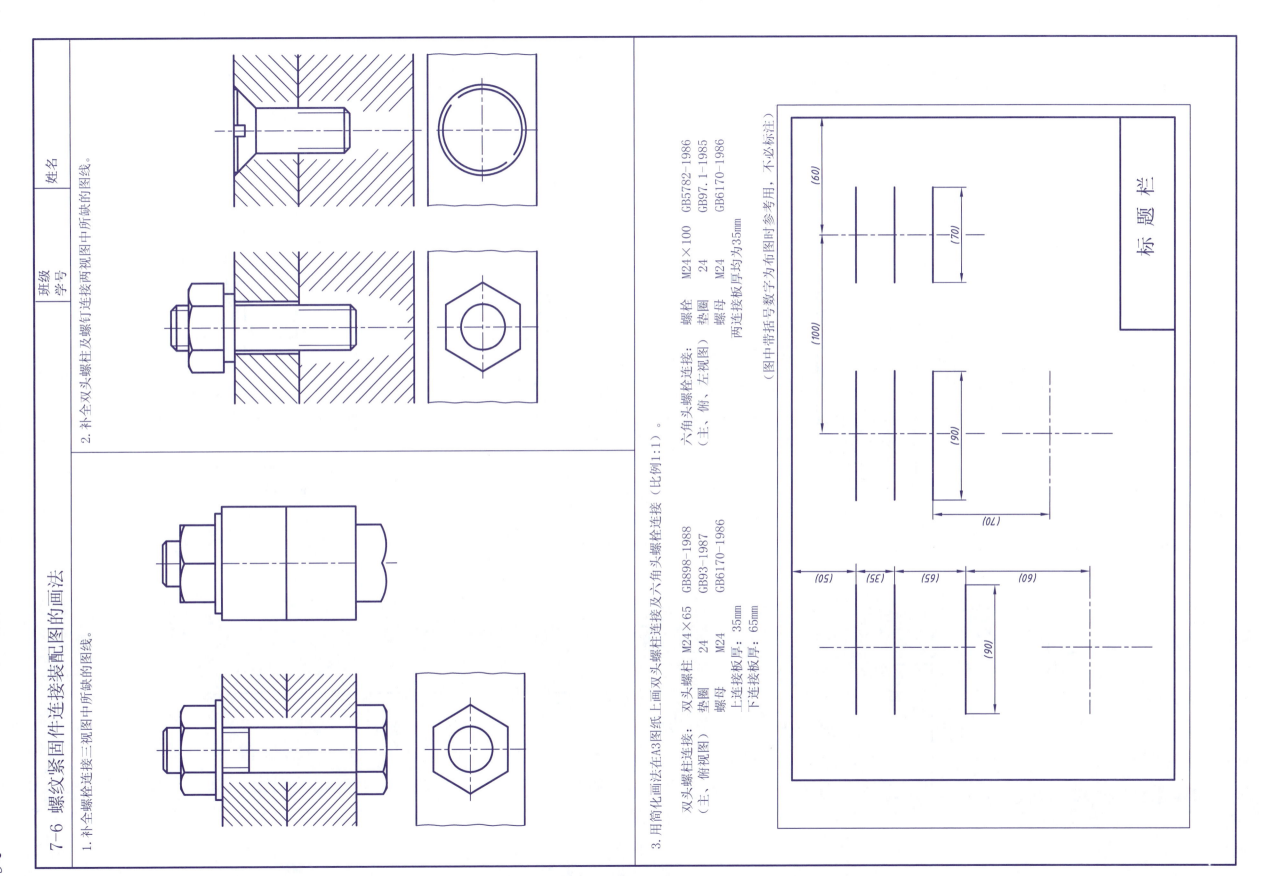

7-6 螺纹紧固件连接装配图的画法

1. 补全螺栓连接三视图中所缺的图线。

2. 补全双头螺柱及螺钉连接两视图中所缺的图线。

3. 用简化画法在A3图纸上画双头螺柱连接及六角头螺栓连接（比例1:1）。

双头螺柱连接：
（主、俯视图）

双头螺柱	M24×65	GB898-1988
垫圈	24	GB93-1987
螺母	M24	GB6170-1986

上连接板厚：35mm
下连接板厚：65mm

六角头螺栓连接：
（主、俯、左视图）

螺栓	M24×100	GB5782-1986
垫圈	24	GB97.1-1985
螺母	M24	GB6170-1986

两连接板厚均为35mm

（图中带括号数字为布图时参考用，不必标注）

班级
学号

姓名

标 题 栏

7-7 键、销、滚动轴承及弹簧的规定标记、尺寸标注和画法

班级 学号　　姓名

1. 已知齿轮和轴用A型普通平键连接,轴孔直径为40mm,键的长度为40mm。
   (1) 写出键的规定标记: _____

   (2) 查表确定键和键槽的尺寸,用1:2画全下列各视图和断面图,并标注键槽的尺寸。

(1)轴。

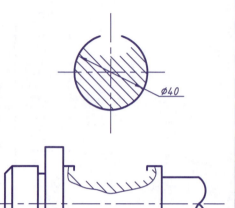

(2)齿轮。

(3)齿轮、轴、键连接。

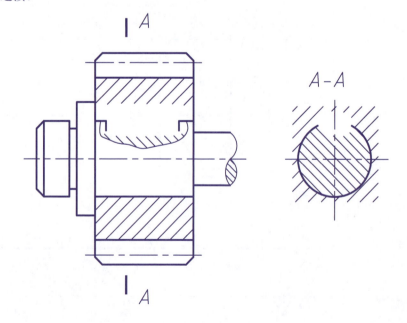

2. 用 ϕ6圆锥销,画出销连接的装配图(长度须选用适当)。

规定标记 _____

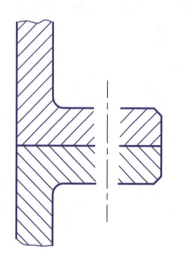

3. 将下面轴颈上的滚动轴承按简化画法画完整,轴线下方一半画成剖视图。

滚动轴承 6204 GB/T 276-1994

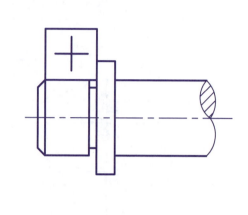

4. 已知弹簧丝直径d=6mm、弹簧外径D=52mm、节距t=12mm、有效圈数n=6、支承圈数n_0=2.5、右旋。用1:1比例画出弹簧全剖视图。

7-8 直齿圆柱齿轮画法

1. 已知直齿圆柱齿轮模数m=5，Z=40，试计算该齿轮的分度圆、齿顶圆和齿根圆的直径。用比例1:2完成下列两视图。并标注尺寸。

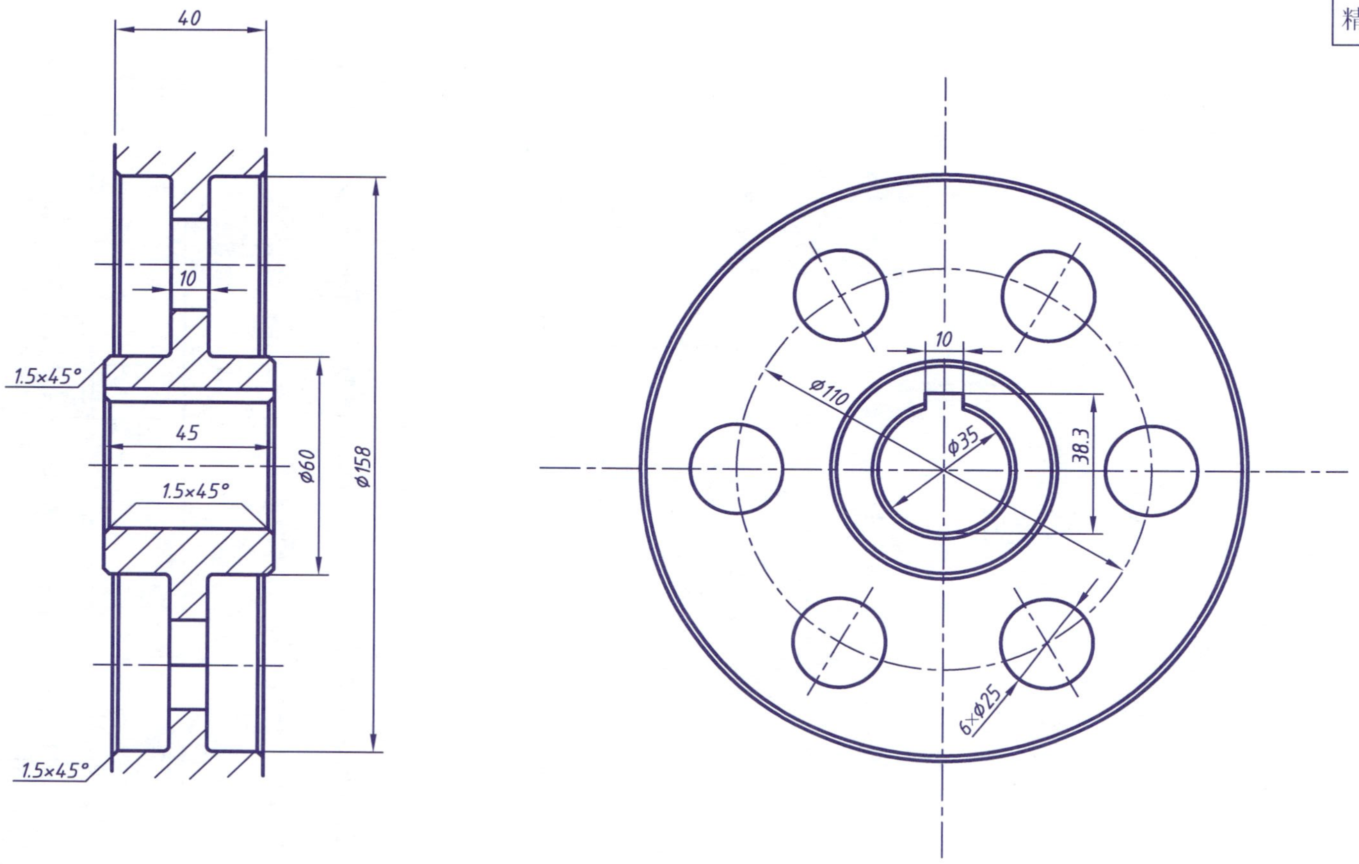

2. 已知大齿轮的模数m=4，齿数Z_2=38，两齿轮的中心距A=114mm，试计算大小两齿轮分度圆、齿顶圆和齿根圆的直径及速比。用比例1:2完成下列圆柱齿轮的啮合图。

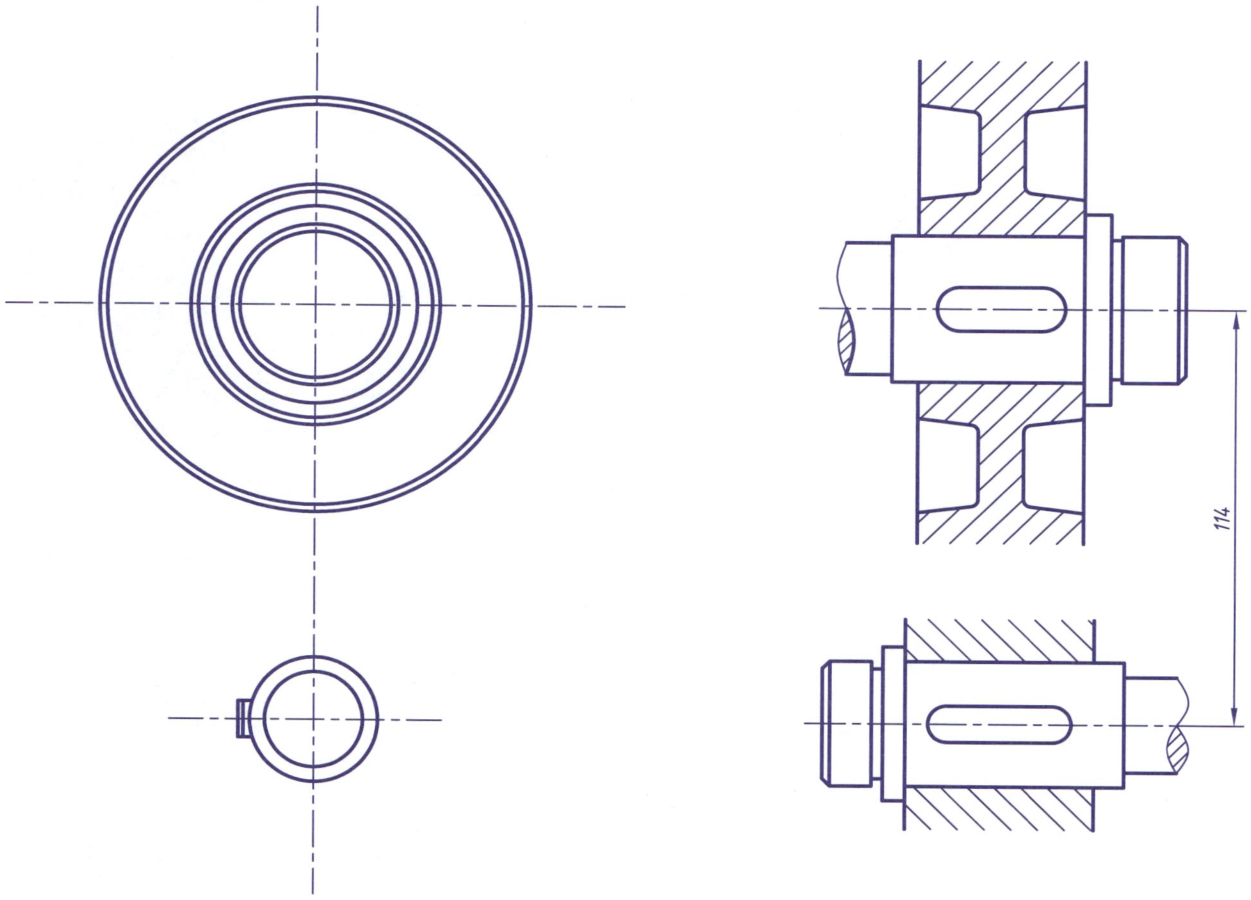

	班级		姓名	
	学号			
		模数 m		
		齿数 Z		
		压力角 α		
		精 度		

67

8-1 零件图（1）	班级 学号	姓名

一、填空题

1.零件图一般应包括如下四方面内容：一组表达零件的视图、_____、_____和_____。

2.现行的《机械制图表面粗糙度符号、代号及其注法》国家标准是_____年发布的。标准规定，当允许在表面粗糙度参数的所有实测值中超过规定值的个数少于总数的_____%时，应在图样上标注表面粗糙度参数的_____值或_____值；当要求在表面粗糙度参数的所有实测值中不得超过规定值时，应在图样上标注表面粗糙度参数的_____值或_____值。

3.表面粗糙度符号、代号一般注在可见_____线、引出线或它们的延长线上。符号的尖端必须从材料外指向_____。

4.当零件的大部分表面具有相同的表面粗糙度要求时，对其中使用最多的一种符号、代号可以统一注在图样的_____，并在其前面注写"_____"两字。

5.形状公差特征项目有直线度、_____、圆度和_____；位置公差项目有平行度、_____、倾斜度、_____、同轴(同心)度、_____、圆跳动、_____；另外，根据有或无基准要求，既可以是形状公差又可以是位置公差的特征项目有_____和_____。

6.配合是指相互结合的孔和轴公差带之间的关系，两者_____必须相同。

7.现行的《极限与配合》系列标准中有关公差、偏差和配合的基本规定(GB/T1800.2)是_____年发布的。

8.现行的《机械制图尺寸注法》和《机械制图尺寸公差与配合注法》标准是_____年发布的。

9.视图中标注的尺寸，按其作用可分为_____、_____和_____三类。

10.某图样上的退刀槽标注为"1.5×0.5"，，其中1.5是指_____，0.5是指_____。

11.图样中没有注出公差的尺寸应称为_____尺寸，这类尺寸的公差称为_____公差或_____公差。

二、选择题(每题只选一个答案，将所选答案的编号填入括弧中)

1.某图样的标题栏中的比例为1：10，该图样中有一个图形是局部剖切后单独画上的，其上方标有1：2，则该图形：……………………………………………（ ）

A. 因采用缩小比例1：2，它不是局部放大图；　B. 是采用剖视画出的局部放大图；

C. 既不是局部放大图，也不是剖视图；

D. 不是局部放大图，是采用缩小比例画出的局部剖视。

2.对于公差的数值，下列说法正确的是：…………………………………………（ ）

A. 必须为正值；　B. 必须大于等于零；　C. 必须为负值；　D. 可以为正、为负、为零。

3.下列尺寸公差注法不正确的是：……………………………………………………（ ）

A. ϕ65K6；　B. ϕ65；　C. ϕ50；　D. ϕ50。

4.下列一组公差带代号，哪一个可与基准孔 ϕ42H7形成间隙配合？………………（ ）

A. ϕ42g6；　B. ϕ42n6；　C. ϕ42m6；　D. ϕ42s6。

5.下列一组公差带代号，哪一个可与基准轴 ϕ50h7形成过盈配合？………………（ ）

A. ϕ50F8；　B. ϕ50H8；　C. ϕ50K8；　D. ϕ50S8。

6.图样上一般的退刀槽，其尺寸的标注形式按：…………………………………（ ）

A. 槽宽×直径或槽宽×槽深；　　B. 槽深×直径；

C. 直径×槽宽；　　　　　　　　D. 直径×槽深。

7.下列线性尺寸公差注法错误的是：…………………………………………………（ ）

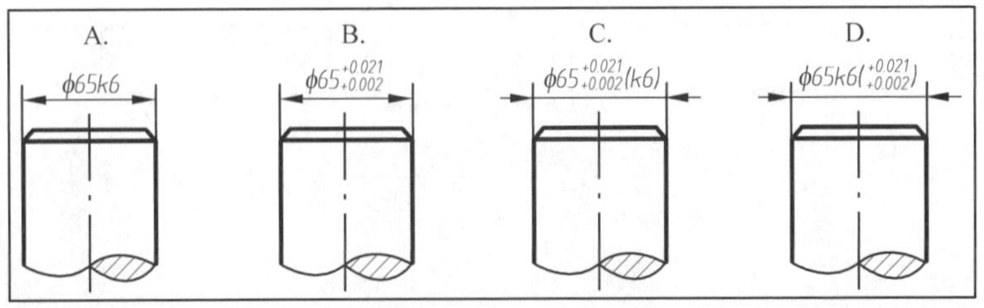

8.图中被测孔的轴线对两槽的公共中心平面的对称度公差为0.08mm，欲满足这一要求，下面哪一个框格是正确的？………………………………………………………………（　）

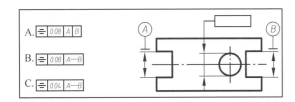

9.按图中要求，应选用哪一个符号填入框格内的"1"中?………………………………（　）

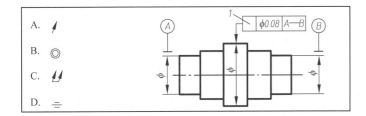

10.图形中上面孔的轴线对下面基准孔的轴线，在给定的方向上的平行度公差为0.03mm，下面的标注哪一个是正确的？…………………………………………………………（　）

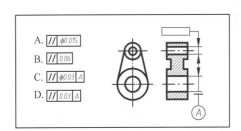

三、是非题(正确的画"○"，错误的打"×")

1.零件图上的重要尺寸，应从基准直接标注。辅助基准和主要基准间要标注联系尺寸。…（　）

2.图样上所标注的表面粗超度符号、代号是指该表面完工后的要求。…………………（　）

3.当零件所有表面具有相同的表面粗糙度要求时，其符号、代号可在图样的下方统一标注。（　）

4.当用统一标注和简化标注的方法表达表面粗糙度要求时，其符号、代号和说明文字的高度均应是图形上其他表面所注代号和文字的1.4倍。………………………………………（　）

5.同一表面上有不同的表面粗糙度要求时，须用细实线画出其分界线，并注出尺寸和相应的表面粗糙度代号。……………………………………………………………………………（　）

6.形位公差标注中，当公差涉及轮廓线或表面时，应将带箭头的指引线置于要素的轮廓线或轮廓线的延长线上，但必须与尺寸线明显地分开。…………………………………………（　）

7.由极限偏差表中查得基本尺寸60mm的上下偏差分别为+90μm和+60μm，则注写到图样上时应为60。…………………………………………………………………………………（　）

8.采用间隙配合的孔和轴，为了表示配合性质，结合表面应画出间隙。………………（　）

9.零件图上注出的各部分结构的尺寸均应以不同方式给定公差要求。…………………（　）

10.图形上未注出公差的尺寸，可以认为是没有公差要求的尺寸。……………………（　）

11.框格中给定的对称度公差值是指被测实际中心平面不得向任一单方向偏离基准中心平面的限值。……………………………………………………………………………………………（　）

12.在机械图样中，一律以箭头作为尺寸线的终端。………………………………………（　）

13.在机械图样中，上下偏差值小数点后末位的"0"一律不注出。……………………（　）

<table>
<tr><td>班级
学号</td><td>姓名</td></tr>
</table>

1. 根据齿轮油泵装配图中配合尺寸,填写配合制度、公差等级和基本偏差代号。

（1）$\phi 18\frac{F8}{h7}$表示轴衬孔和轴之间的配合采用_____制,_____配合。

　　轴衬孔的公差等级为_____级,基本偏差代号为_____。

　　轴的公差等级为_____级,基本偏差（即基准轴）代号为_____。

（2）$\phi 21\frac{H7}{s6}$表示泵体孔和轴衬外圈之间的配合,采用_____制,_____配合。

　　泵体孔的公差等级为_____级,基本偏差（即基准孔）代号为_____。

　　轴衬外圈的公差等级为_____级,基本偏差代号为_____。

（3）$\phi 18\frac{H8}{h7}$表示齿轮与轴之间的配合,采用_____制,_____配合。

　　齿轮孔的公差等级为_____级,基本偏差代号为_____。

　　轴的公差等级为_____级,基本偏差代号为_____。

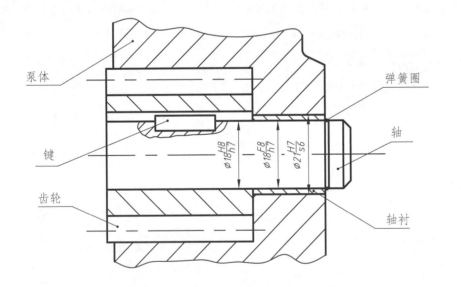

泵体　　弹簧圈　　键　　齿轮　　轴　　轴衬

2. 在以下装配图和零件图上标注尺寸公差和配合代号,并回答问题:

　　体和轴衬配合尺寸$\phi 40H7/n6$,基____制,____配合;孔和轴的公差带代号:孔_____,轴_____。

　　轴衬和轴配合尺寸$\phi 25H8/f8$,基____制,____配合;孔和轴的公差带代号:孔_____,轴_____。

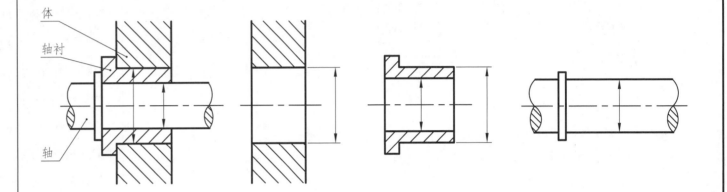

体　　轴衬　　轴

3. 在以下装配图和零件图上标注尺寸公差和配合代号,并回答问题:

　　轴和下体配合尺寸$\phi 25H8/u7$:基____制,____配合;孔和轴的公差带代号:孔_____,轴_____。

　　轴和上盖配合尺寸$\phi 25H8/h7$:基____制,____配合;孔和轴的公差带代号:孔_____,轴_____。

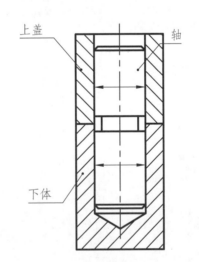
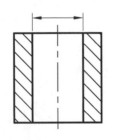
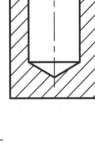
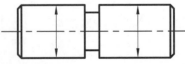

上盖　　轴　　下体

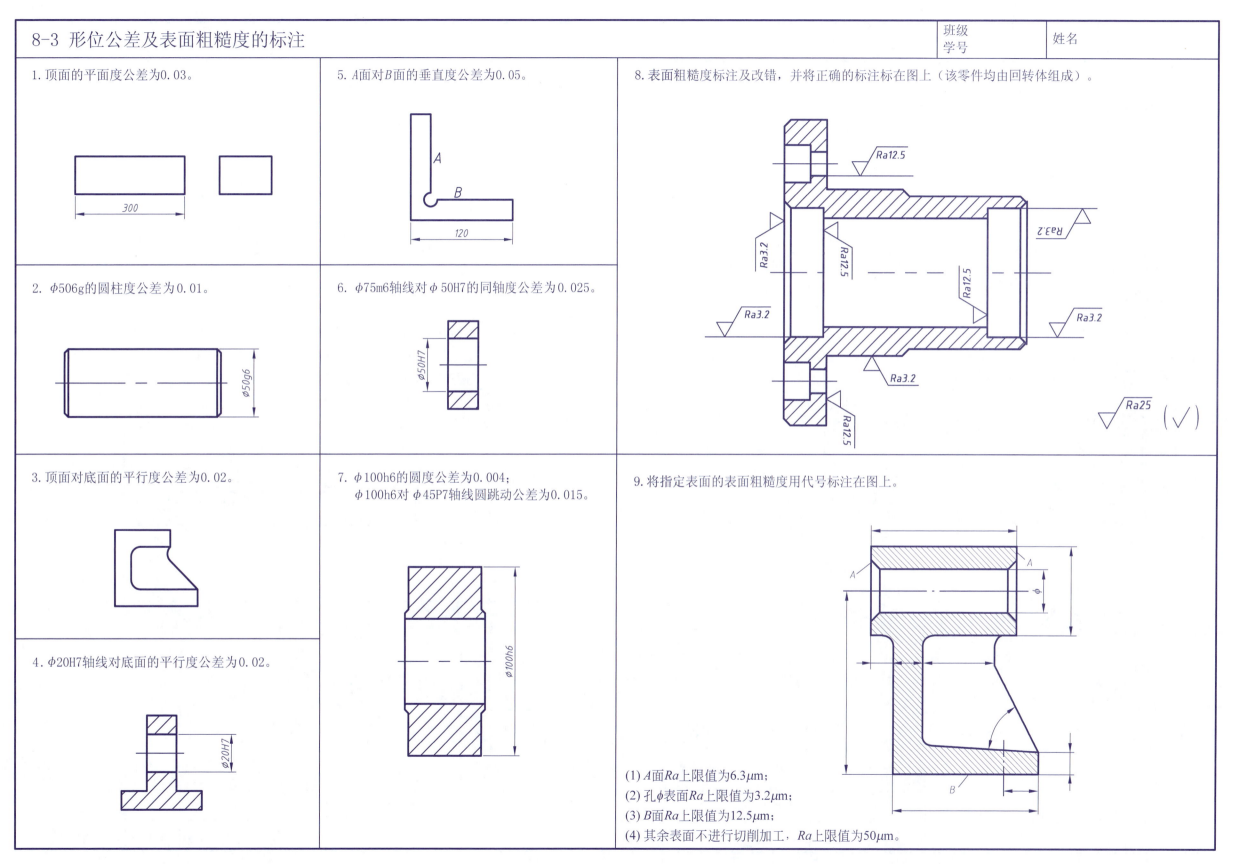

8-3 形位公差及表面粗糙度的标注

班级
学号
姓名

1. 顶面的平面度公差为0.03。

300

2. φ506g的圆柱度公差为0.01。

φ50g6

3. 顶面对底面的平行度公差为0.02。

4. φ20H7轴线对底面的平行度公差为0.02。

φ20H7

5. A面对B面的垂直度公差为0.05。

A
B
120

6. φ75m6轴线对φ50H7的同轴度公差为0.025。

φ50H7

7. φ100h6的圆度公差为0.004;
φ100h6对φ45P7轴线圆跳动公差为0.015。

φ100h6

8. 表面粗糙度标注及改错,并将正确的标注标在图上(该零件均由回转体组成)。

Ra12.5
Ra3.2
Ra12.5
Ra12.5
Ra3.2
Ra3.2
Ra3.2
Ra12.5
Ra25

9. 将指定表面的表面粗糙度用代号标注在图上。

A
A
φ
B

(1) A面Ra上限值为6.3μm;
(2) 孔φ表面Ra上限值为3.2μm;
(3) B面Ra上限值为12.5μm;
(4) 其余表面不进行切削加工,Ra上限值为50μm。

班级 学号		姓名

一、读以下零件图并回答问题：

1. 该零件的名称是 _____ ，材料是 _____ 。

2. 该零件共用了 ___ 个图形来表达。其中主视图作了 _____ ，A—A是 _____ 图，B—B是 _____ ，D—D是 _____ ，还有一个是 _____ 。

3. 在主视图中，左边两条虚线的距离是 _____ 。中间正方形的边长是 ___ 。中间40长的圆柱孔的直径是 ___ 。

4. 该零件长度方向的尺寸基准是 _____ ，宽度和高度方向的尺寸基准是 _____ 。

5. 主视图中，227和142±0.1属于 ___ 尺寸，40和49属于 ___ 尺寸；①所指的曲线是 _____ 与 _____ 的相贯线，②所指的曲线是 _____ 和 _____ 的相贯线。

6. 尺寸∅132±0.2的最大极限尺寸是 _____ ，最小极限尺寸是 _____ ，公差是 _____ 。

7. 轴套零件上，表面Ra值要求最小的是 _____ ，最大的是 _____ 。

8. ◎ ∅0.004 C 表示：∅ _____ 圆柱的 _____ 对∅ _____ 圆柱孔轴线的 _____ 公差值为 _____ 。

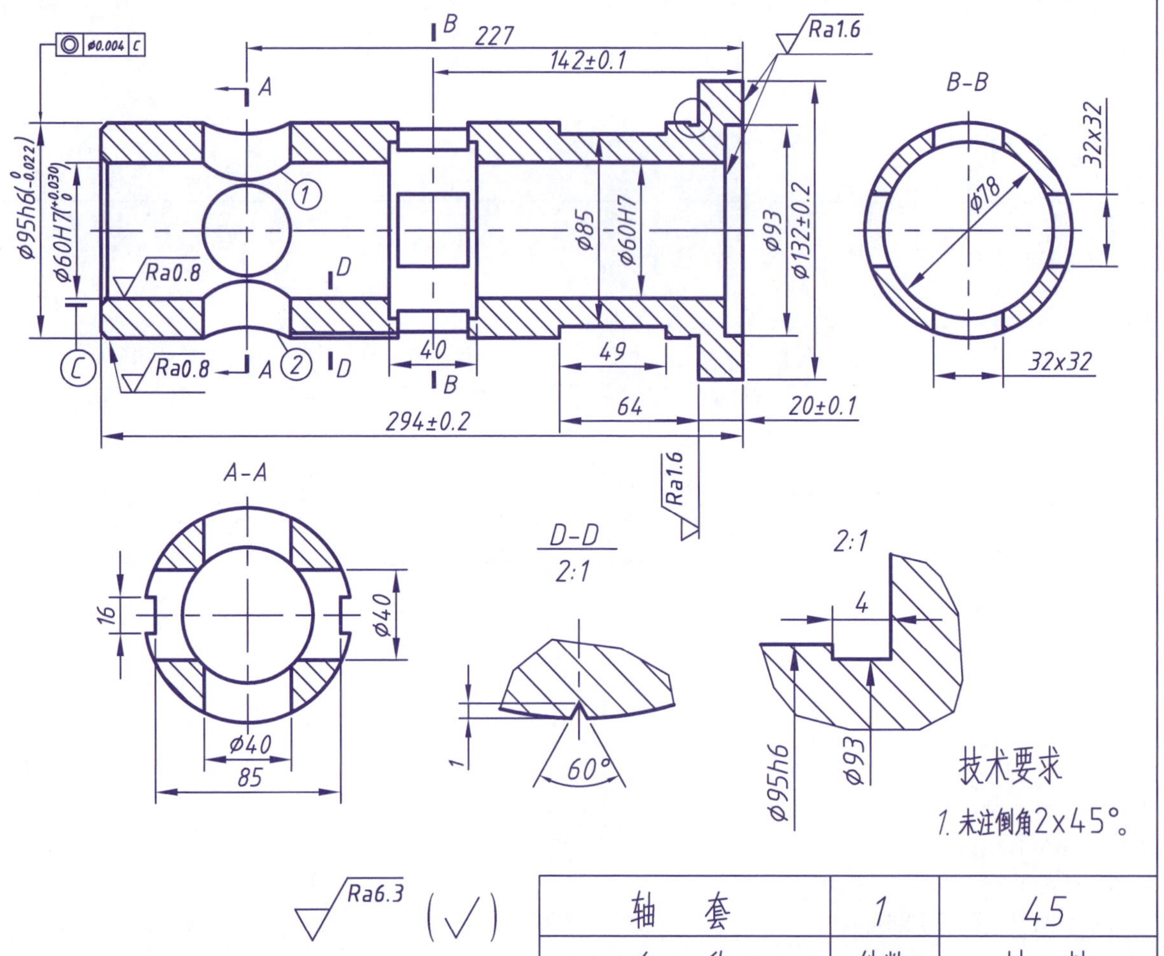

二、读以下零件图并回答问题：

1. 看懂视图，想象出形状。

2. 该零件共用了 ___ 个图形来表达。其中主视图作了 _____ ，B—B是 _____ ，另外一个图形为 _____ 。

3. 轴上键槽的长度是 _____ ，宽度是 _____ ，深度是 _____ ，其定位尺寸是 _____ 。

4. 轴上沉孔的定形尺寸是 _____ ，它的定位尺寸是 _____ ，其表面粗糙度要求是 _____ 。

5. 轴上∅40h6（ $^{0}_{-0.015}$ ）的基本尺寸是 _____ ，上偏差是 _____ ，下偏差是 _____ ，最大极限尺寸是 _____ ，最小极限尺寸是 _____ ，公差是 _____ 。

6. 图中尺寸2×1.5表示的结构是 _____ ，其宽度为 _____ ，深度为 _____ 。

7. 解释M16-6g的含义：其中M表示 _____ ，16表示 _____ ，螺距为 _____ ，6g表示 _____ 。

8. 解释框格 ⊥ 0.025 A 的含义：其中"⊥"表示 _____ ，0.025是 _____ ，A表示 _____ 。

9. 在指定位置画出C—C断面图。

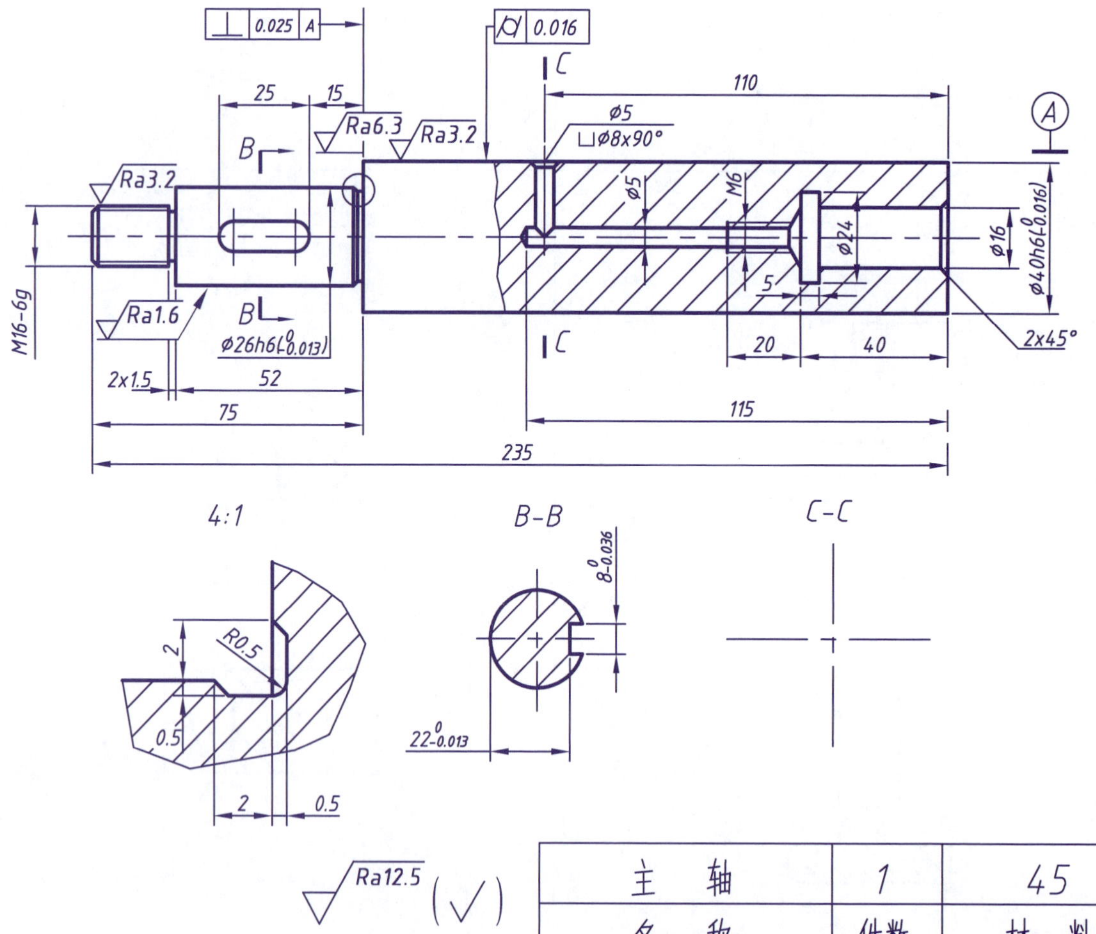

轴 套	1	45
名 称	件数	材 料

主 轴	1	45
名 称	件数	材 料

1. 看懂视图，想象出形状，在指定位置补画出右视图（C向）。（内部结构虚线不画）
2. 主视图采用的表达方法是＿＿＿＿＿＿，左视图的表达方法是＿＿＿＿＿＿。
3. 解释 ◎ $\phi 0.04$ A 的含义：其中"◎"表示＿＿＿＿＿，0.04是＿＿＿＿＿，
   A表示＿＿＿＿＿。被测要素是＿＿＿＿＿，基准要素是＿＿＿＿＿。
4. 端盖上共有＿＿＿＿个螺孔，其中M表示＿＿＿＿螺纹，5是＿＿＿＿＿。还有
   一个是＿＿＿＿＿螺纹，它的表示方法是＿＿＿＿＿。

5. 端盖上有＿＿＿个安装沉孔，它们的定位尺寸是＿＿＿＿＿。
6. 解释 $\phi 55g6$ 的含义：其中 ϕ 表示＿＿＿＿＿，55是＿＿＿＿＿，g6是＿＿＿＿＿。
7. 用"↑"指明长、宽、高三方向的主要尺寸基准。
8. 此零件的表面粗糙度要求最高为＿＿＿，最低为＿＿＿。
9. 图中 ① 所指的直线是＿＿＿＿＿＿＿＿＿线。

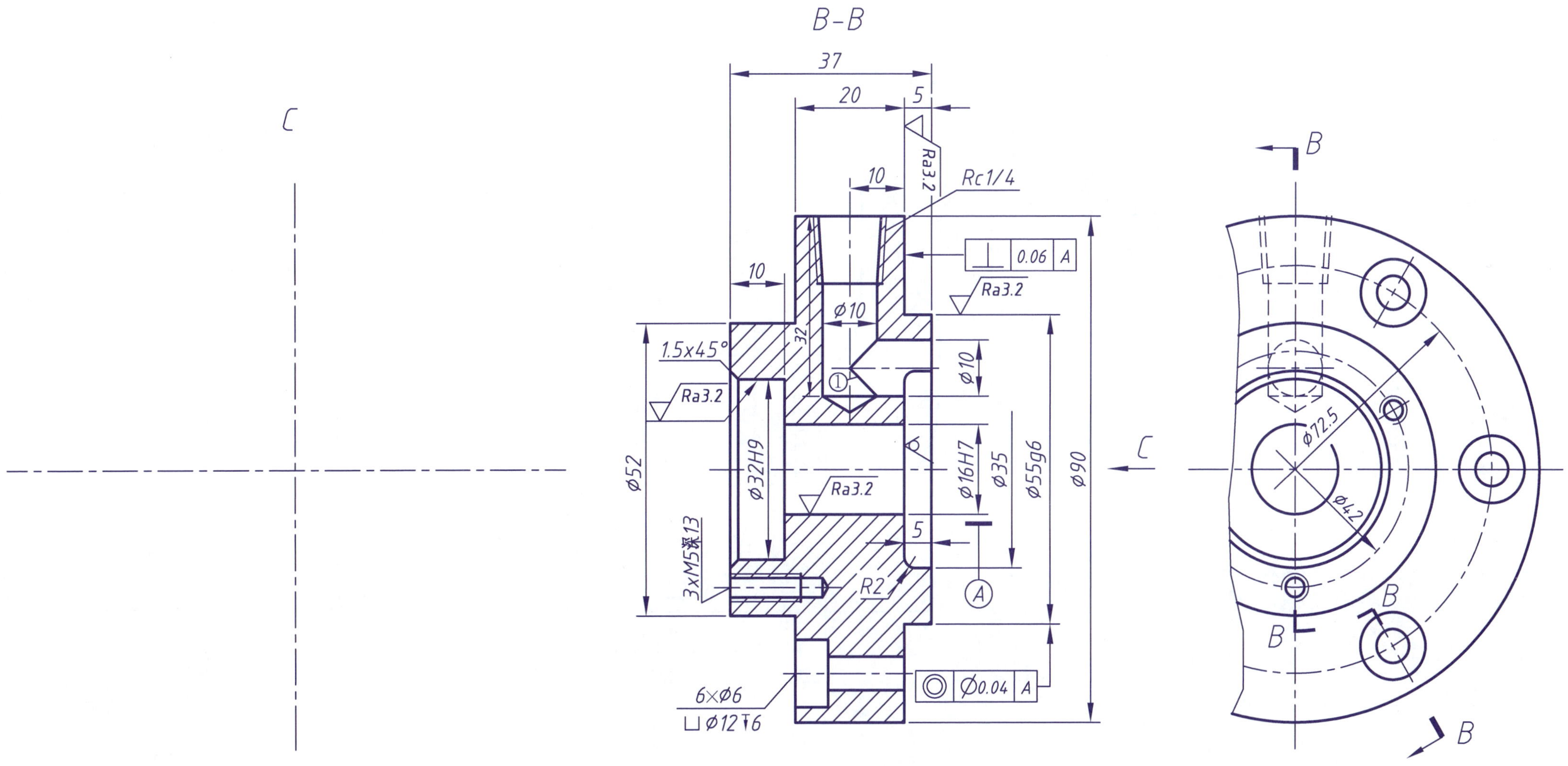

B-B

C

37
20
5
10
$Ra3.2$
$Rc1/4$
$\perp$ 0.06 A
$Ra3.2$
10
32
$\phi 10$
$\phi 10$
①
$1.5 \times 45°$
$Ra3.2$
$\phi 52$
$\phi 32H9$
$\phi 16H7$
$\phi 35$
$\phi 55g6$
$\phi 90$
$Ra3.2$
5
$3 \times M5 \underline{} 13$
$R2$
A
$6 \times \phi 6$
$\sqcup \phi 12 \overline{} 6$
◎ $\phi 0.04$ A

B
$\phi 72.5$
$\phi 42$
C
B
B
B

技术要求

1. 铸件不得有砂眼、裂纹。
2. 锐边倒角1x45°。

$\sqrt{Ra12.5}$ ($\sqrt{}$)

端　盖	1	HT150	
名　称	件数	材　料	

班级		姓名
学号		

1. 画出 A-A 全剖视图；
2. 回答下列问题：
(1) 说明该零件各视图的表达方法：
  主视图＿＿＿＿＿＿＿＿＿＿＿＿；
  左视图＿＿＿＿＿＿＿＿＿＿＿＿。
(2) 高度方向 110mm 为 ＿＿＿＿＿ 尺寸，
  40mm 为 ＿＿＿＿＿ 尺寸。
(3) 在图中用 "↑" 符号标出长、宽、
  高三个方向的主要尺寸基准。
(4) φ15H7的公差值为 ＿＿＿＿＿＿。
(5) Ⅰ 面的表面粗糙度为 ＿＿＿＿＿＿，
  Ⅱ 面的表面粗糙度为 ＿＿＿＿＿＿。
(6) 说明4-M6-6H的含义：
  4表示＿＿＿＿＿，M表示＿＿＿＿＿；
  6表示＿＿＿＿＿，6H表示＿＿＿＿＿。
(7) 说明 ⊥ ∅0.05 C 含义：
  ＿＿＿＿＿＿＿＿＿＿＿＿＿＿＿。

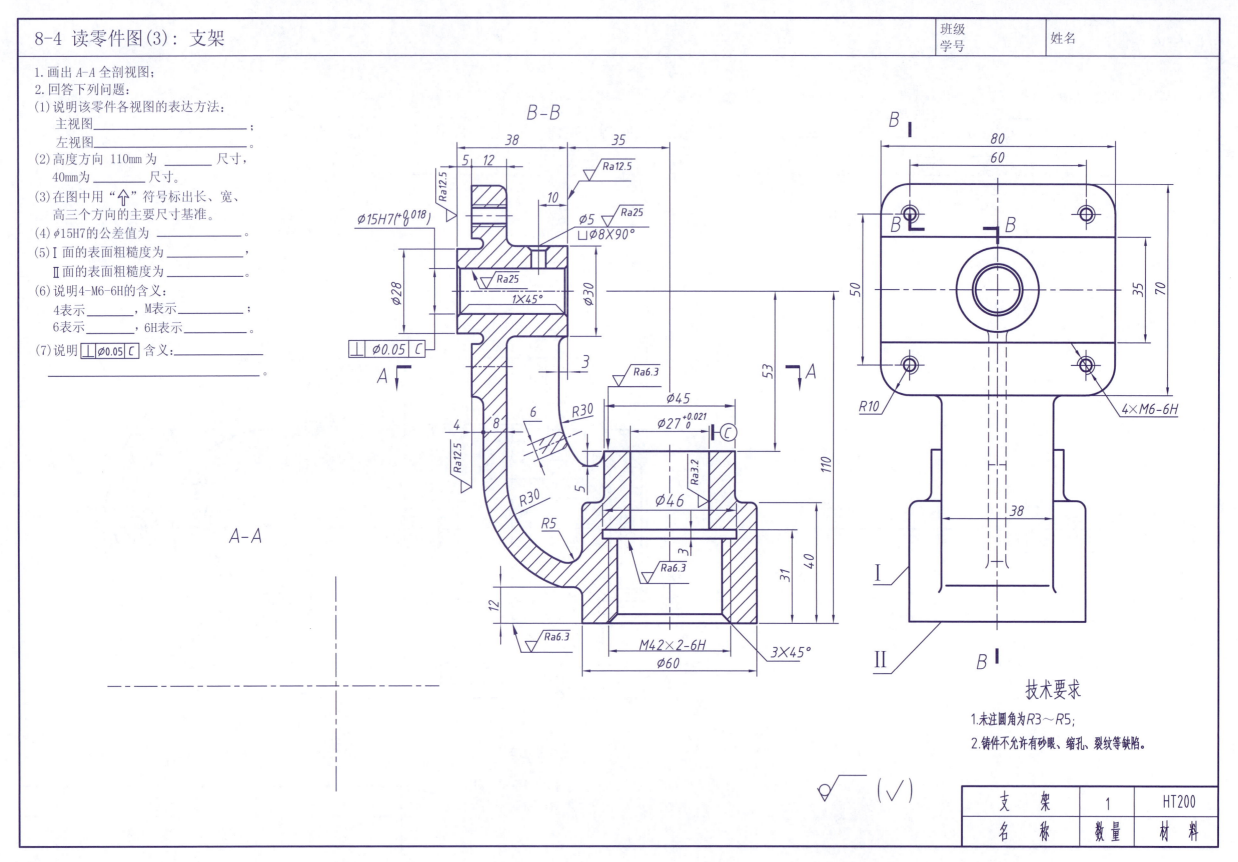

A-A

技术要求

1.未注圆角为R3～R5；

2.铸件不允许有砂眼、缩孔、裂纹等缺陷。

支 架	1	HT200
名 称	数 量	材 料

班级学号		姓名	

回答下列问题：

1. 根据零件名称和结构形状，此零件属于 ＿＿＿＿ 类零件。

2. 十字接头的结构由 ＿＿＿＿ 部分、＿＿＿＿ 部分和 ＿＿＿＿ 部分等组成。

3. 用 ⇧ 符号在图上注明长、宽、高三个方向的主要尺寸基准。

4. 在主视图中，下列尺寸属于哪种类型（定形、定位）尺寸：80是＿＿＿尺寸；38是＿＿＿尺寸；40是＿＿＿尺寸，24是＿＿＿尺寸，22是＿＿＿尺寸。

5. $\phi44^{+0.033}_{0}$ 的最大极限尺寸为＿＿＿＿，最小极限尺寸为＿＿＿＿。

6. ⊥$\boxed{\phi0.02}$A 的含义：表示被测要素为＿＿＿＿，基准要素为＿＿＿＿，公差项目为＿＿＿＿，公差值为＿＿＿＿。

7. 零件上有＿＿＿个螺孔，它们的尺寸分别是 ＿＿＿＿＿＿＿＿＿＿＿。

8. 在图上指定位置作B-B剖视图。

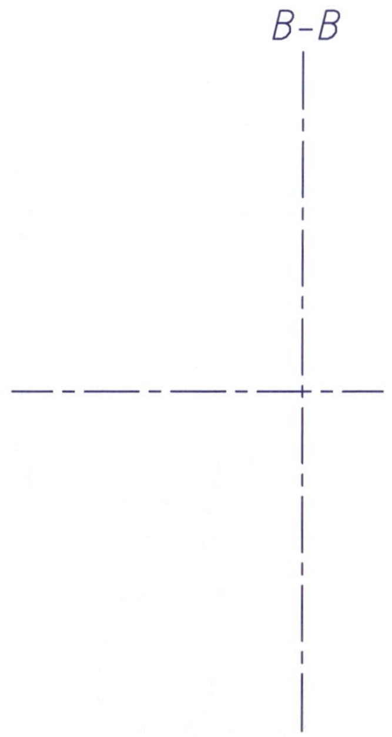

B-B

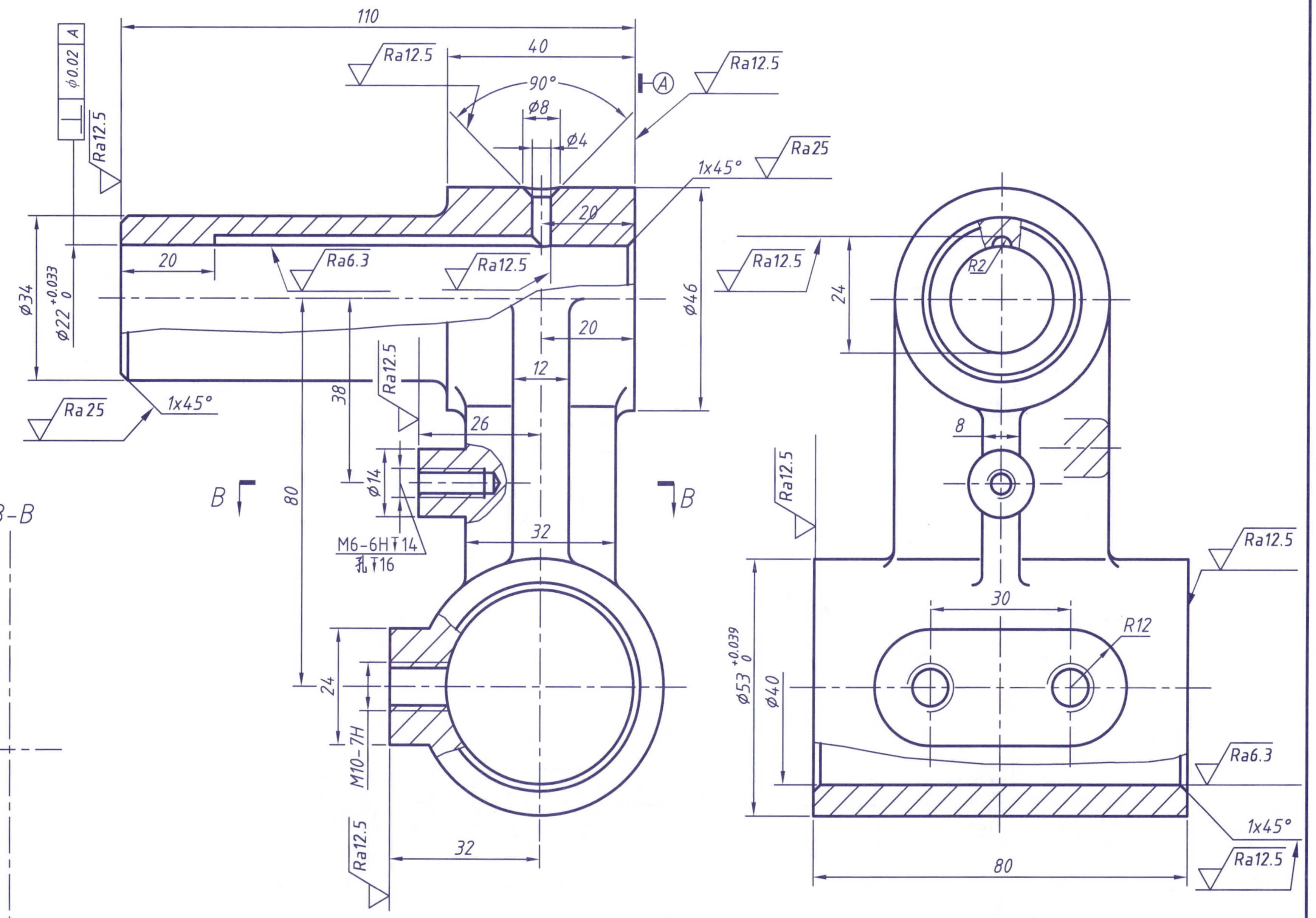

技术要求

1. 铸件不得有砂眼、裂纹。
2. 未注圆角R2~R3。
3. 未注尺寸公差按IT16级。
4. 未注形位公差的公差等级按D级。

√ (√)

十字接头	1	HT150
名 称	数 量	材 料

班级 学号	姓名

1. 看懂图形，想象出壳体的形状，画出C向视图。
2. 回答下列问题： (1) 在图中用"↥"符号标出长、宽、高三个方向的主要尺寸基准。 (2) 俯视图采用的是 ＿＿＿＿ 画法。 (3) Ø35是否是通孔?＿＿＿。该孔的定位尺寸,长为＿＿＿ mm,
高为＿＿＿ mm, 宽度以＿＿＿＿＿＿ 定位。 (4) 该零件左端面表面粗糙度为＿＿＿。 Ø62H8 的表面粗糙度为＿＿＿。
(5) 说明 M24x1.5-7H 的含义：M表示＿＿＿＿＿＿ , 24表示＿＿＿＿＿＿ , 1.5表示＿＿＿＿＿＿ , 7H表示＿＿＿＿＿＿。
(6) 说明 ◎ ⌀0.02 A 的含义＿＿＿＿＿＿＿＿＿＿＿＿＿＿＿＿＿＿＿＿＿＿ 。

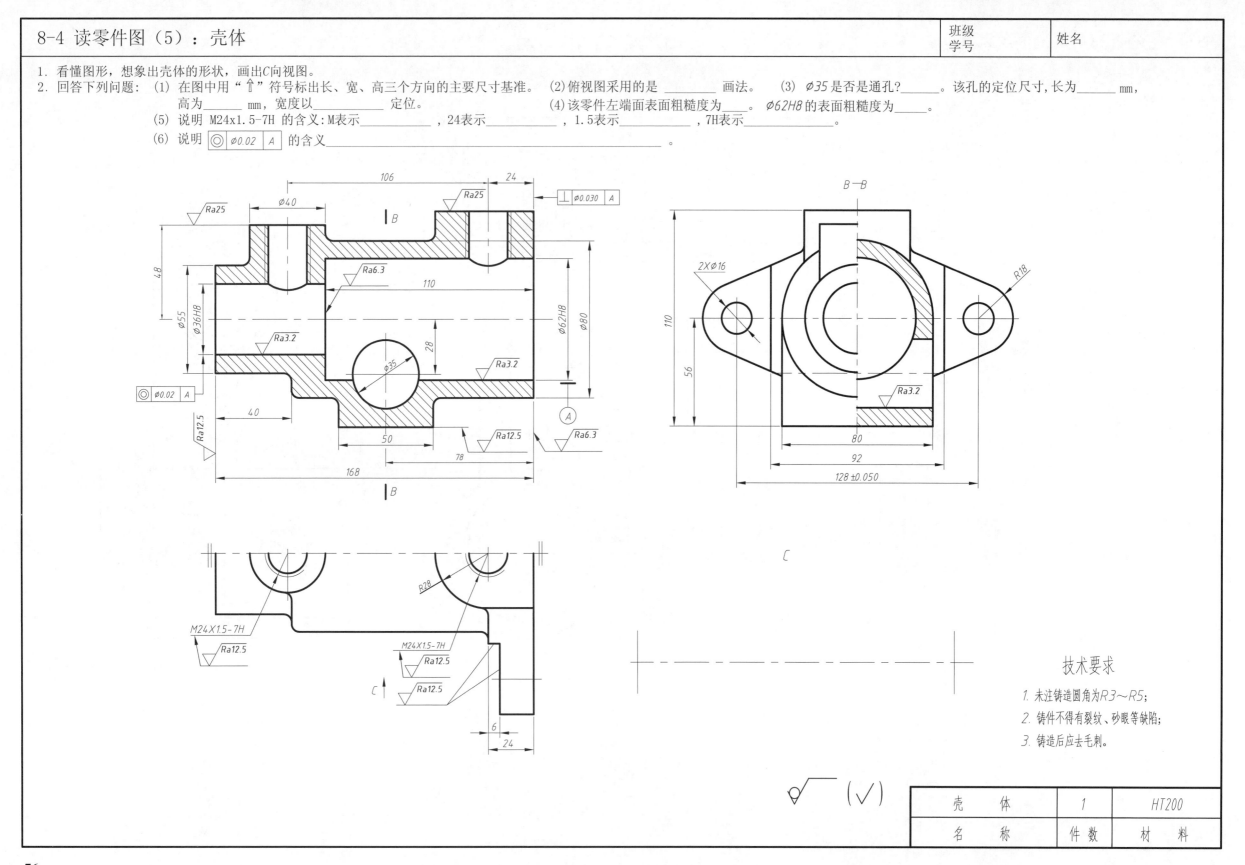

技术要求

1. 未注铸造圆角为R3～R5；

2. 铸件不得有裂纹、砂眼等缺陷；

3. 铸造后应去毛刺。

壳　　　体	1	HT200
名　　　称	件数	材　料

班级	姓名
学号	

1. 该零件共用____个视图表示，左右两个基本视图，其中____边的图作为主视图较好，为什么？_____ _____

2. 该零件加工表面粗糙度要求最高的是____，最低的是_____。

3. G1/2 其中G是_____，1/2是_____。

4. 框格 ⊚|⌀0.01|B| 的意义是_____ _____

5. ⌀42H7，其中⌀42是_____，H是_____，7是_____。

6. 指出长、宽、高三个度量方向的主要尺寸基准。

7. 画出C-C全剖视图。

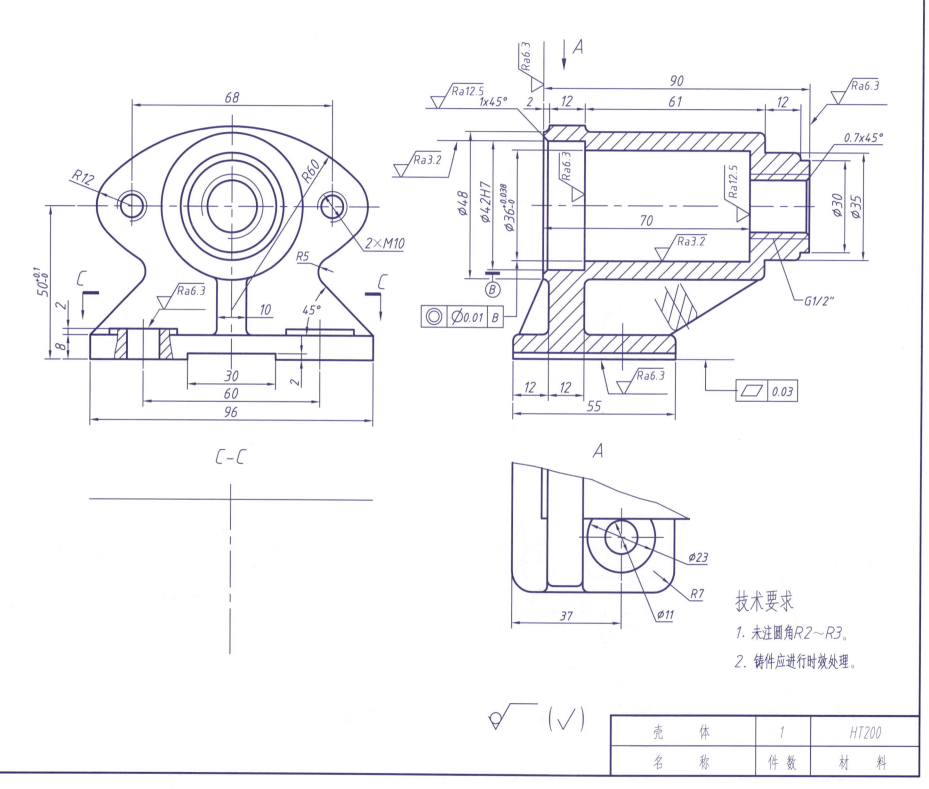

C-C

A

技术要求

1. 未注圆角R2~R3。

2. 铸件应进行时效处理。

壳　　体	1	HT200
名　　称	件数	材　料

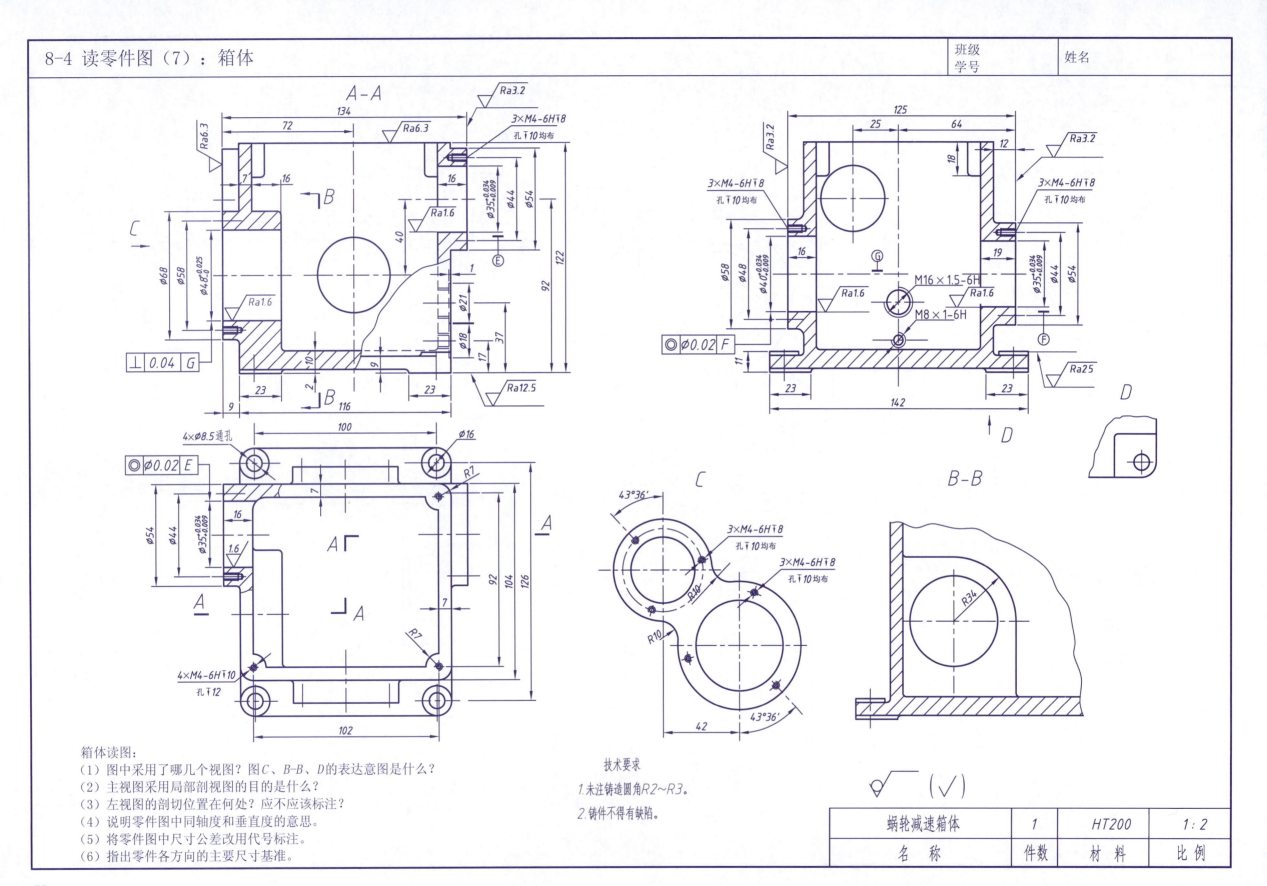

班级
学号

姓名

箱体读图：

（1）图中采用了哪几个视图？图C、B–B、D的表达意图是什么？

（2）主视图采用局部剖视图的目的是什么？

（3）左视图的剖切位置在何处？应不应该标注？

（4）说明零件图中同轴度和垂直度的意思。

（5）将零件图中尺寸公差改用代号标注。

（6）指出零件各方向的主要尺寸基准。

技术要求

1.未注铸造圆角R2~R3。

2.铸件不得有缺陷。

蜗轮减速箱体	1	HT200	1：2
名 称	件数	材 料	比 例

第9章 装配图

一、填空题

1. 在装配图中，相互邻接的金属零件的剖面线，其倾斜方向应_____，或方向一致而间隔_____；同一装配图中的同一零件的剖面线应方向_____、间隔_____。

2. 在装配图中，宽度小于或等于2mm的狭小面积的剖面区域，可用_____代替剖面符号。

3. 在装配图中，对于紧固件以及轴、连杆、球、钩子、键、销等实心零件，若按纵向剖切，且剖切平面通过其对称平面或轴线时，则这些零件均按_____绘制。如需要特别表明零件的构造，如凹槽、键槽、销孔等，则可用_____图表示。

4. 一张完整的装配图应具备的内容：_____、_____、_____、零件序号、标题栏、明细栏。

5. 在装配图中，零件的_____角、_____角、凹坑、凸台、沟槽、滚花、刻线及其他细节等可不画出。

6. 装配图一般应标注下面几类尺寸：_____尺寸、_____尺寸(配合尺寸及相对位置尺寸)、_____尺寸和_____尺寸及其他重要尺寸。

7. 在装配图中可假想沿某些零件的结合面剖切或假想将某些零件_____，需要说明时可加标注"拆去××等"。

8. 在装配图中，可省略螺栓、螺母、销等紧固件的投影，而用_____线和_____线指明它们的位置。

二、选择题(每题只选一个答案，将所选答案的编号填入括弧中)

1. 明细栏一般配置在装配图中标题栏上方，其序号栏目的填写顺序是：..................( )

A. 由上向下，顺次填写；　B. 由下向上，顺次填写；　C. 不必符合图形上的编排次序。

2. 在装配图中，相邻零件的相邻表面处的画法是：..................( )

A. 接触面及配合面只画一条线，两零件相邻但不接触仍画两条线；

B. 应视具体情况区别对待，例如间隙配合的孔轴表面，为图示其间隙，也应画两条线；

C. 无论接触或不接触都应画两条线。

3. 表达某产品的全套图样中，有1张装配图，9张零件图，则在该装配图的标题栏中，有关张数和张次应填为：..................( )

A. 共10张第1张；　B. 共1张第1张；　C. 不必填张数和张次。

4. 装配图中若干相同的零、部件组，可仅详细地画出一组，其余只需用下列线型中的哪一种表示其位置?..................( )

A. 粗实线；　B. 细实线；　C. 细点画线；　D. 细双点画线。

三、是非题(正确的画"○"，错误的打"×")

1. 视图、剖视图等画法和标注规定只适用于零件图，不适用于装配图。..................( )

2. 在装配图中，当剖切平面通过的某些部件为标准产品或该部件已由其他图形表示清楚时，可按不剖绘制。..................( )

3. 因装配图是表达机器或部件的装配关系、工作原理和使用情况，故不能在装配图中单独画出某一零件的图形。..................( )

4. 零件图和装配图有不同的表达内容和作用，但应采用完全相同的标题栏格式。........( )

5. 装配图明细栏中除标准件外，其余序号称为"专用件"，不得称为"非标准件"。...( )

6. 装配图中，宽度小于或等于2mm的狭小面积的断面，可用涂黑代替剖面符号。...( )

7. 一套完整的产品图样中，除了画出装配图外，还必须画出该产品每个零件的零件图。..................( )

8. 在装配图中，两个相邻零件的接触面只画一条线；两个零件不接触，但只要是相邻表面仍画成一条线。..................( )

9. 编排装配图中的零部件序号时，对于一组紧固件以及装配关系清楚的零件组，不允许只画一条公共指引线。..................( )

9-2 由零件图拼画装配图(1)：千斤顶

1. 作业内容

根据零件图(右图)画出装配图。

2. 作业目的及要求

了解部件的装配顺序，练习画装配图。

3. 作业时数

大约4小时。

4. 作业指示

(1)A3图纸横放。

(2)根据给出的一套千斤顶零件图，仔细阅读每张零件图，想出零件形状，并根据轴测图及工作原理简介，按尺寸找出零件之间相互关系，搞清千斤顶的工作原理，画出装配图。

5. 千斤顶工作原理

千斤顶是利用螺旋传动来顶举重物。工作时，绞杠穿在螺旋杆顶部的孔中，旋动绞杠，螺旋杆在螺旋套中靠螺纹上下移动，使顶垫上的重物靠螺旋杆的上升而顶起，螺套装在底座里，用螺钉定位，螺旋杆的球面形顶部套一个顶垫，利用螺钉与螺旋杆连接但不拧紧，使顶垫不与螺旋杆一起旋转且可防止顶垫脱落。

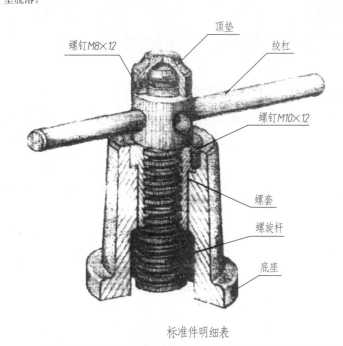

标准件明细表

螺钉	GB/T75-1985	M8×12	1	Q235-A
螺钉	GB/T73-1985	M10×12	1	Q235-A
名称	代号	规格	数量	材料

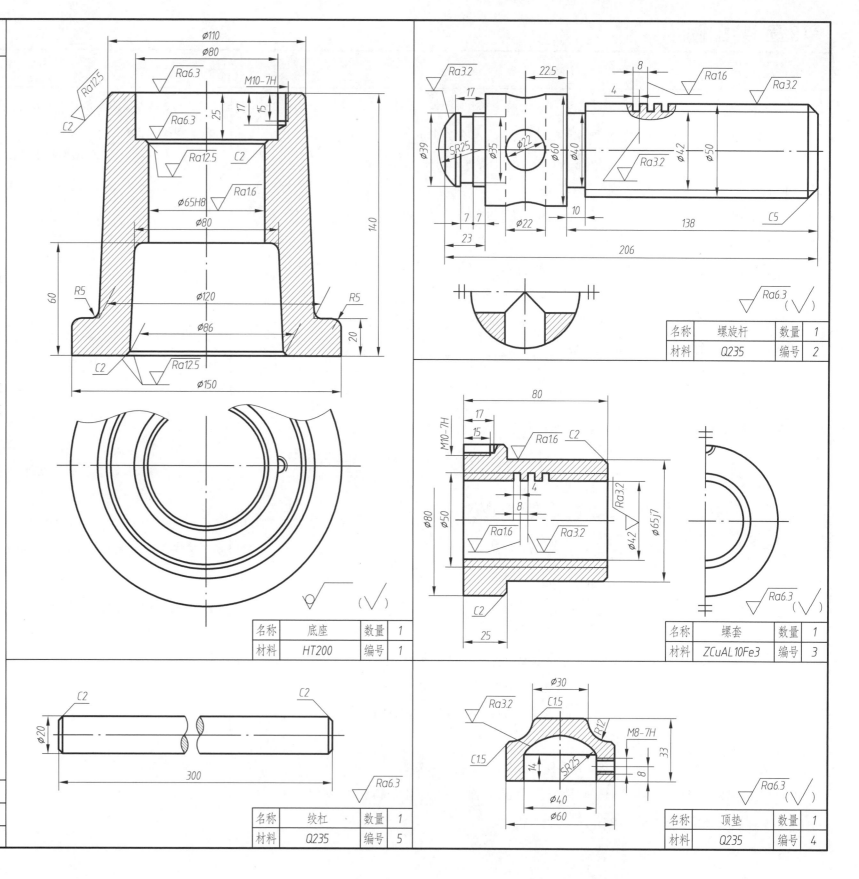

名称	螺旋杆	数量	1
材料	Q235	编号	2

名称	底座	数量	1
材料	HT200	编号	1

名称	螺套	数量	1
材料	ZCuAL10Fe3	编号	3

名称	绞杠	数量	1
材料	Q235	编号	5

名称	顶垫	数量	1
材料	Q235	编号	4

旋塞的轴测图和装配示意图以及所列各零件图如下。

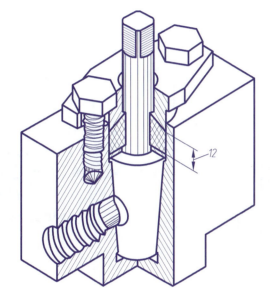

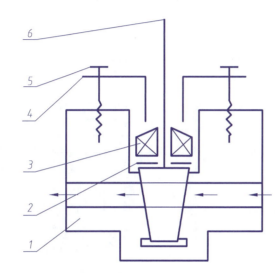

旋塞工作原理如下：

旋塞是装在管路上的一种开关装置。当阀杆6上的通孔∅15对准阀体1中的孔∅15时，管路畅通，如装配示意图所示；当用扳手将阀杆转动90°后，管路载止。为了防止泄漏，在阀杆与阀体之间装入垫圈和填料(材料为石棉)，并装上填料压盖，拧紧螺栓后，填料压盖压紧填料从而防止液体或气体泄漏。

6	04	阀 杆	1	50	
5	GB/T 5782-2000	螺栓M10×25	2	Q235A	
4	03	填料压盖	1	Q235A	
3	02	填 料	1	泵棉绳	无图
2	GB/T 97.1-2002	垫圈 18-140HV	1	Q235A	D=∅34, s=3 D=∅19
1	01	阀 体	1	45	
序号	代号	名 称	数量	材料	
制图		旋塞		00	
审核					
		第1张	第4张	1:1	

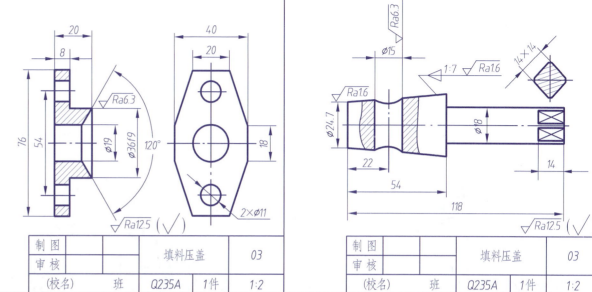

制 图			填料压盖	03
审 核				
(校名)		班	Q235A	1件	1:2

制 图			填料压盖	03
审 核				
(校名)		班	Q235A	1件	1:2

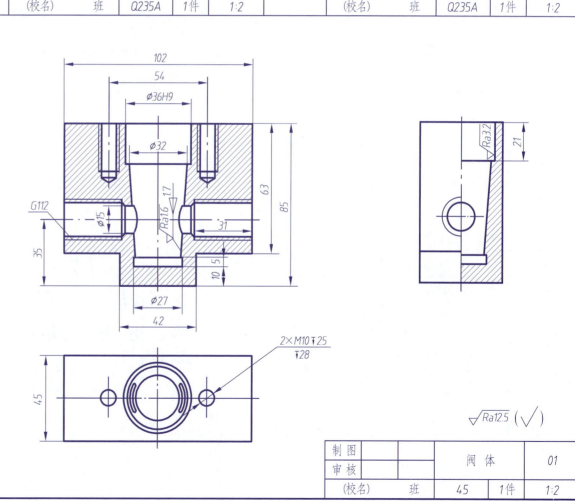

制 图			阀 体	01
审 核				
(校名)		班	45	1件	1:2

回油阀示意图

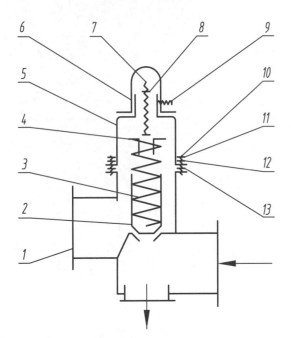

回油阀工作原理

　　回油阀是装在柴油发动机上的一个部件，用以使剩余的柴油回到油箱中。左图回油阀示意图中箭头表示油的流动方向。在正常工作时，柴油由阀体1右端孔流入，从下端孔流出。当主油路获得过量的油，并超过允许的压力时，阀门2受压抬起，过量油就从阀体1和阀门2的缝隙中流出，从左端管道流回油箱。阀门2的升高由弹簧的压缩程度调节。弹簧压力大小由调节螺杆7控制。阀罩6用以保护调节螺杆免受损伤和旋动。阀门2下部的两个横向小孔，用来流出回油时流入阀门里的柴油。阀门2中的螺孔是在研磨阀门接触面时，连接带动阀门转动的支承杆和装卸阀门时用的。

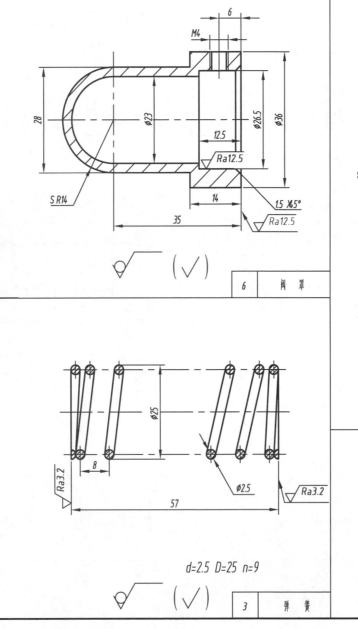

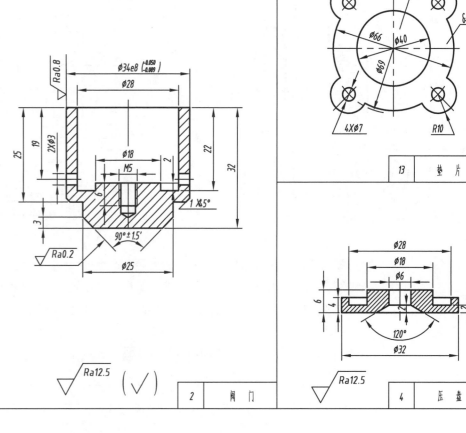

13	垫　片	1	石棉橡胶布	
12	垫　圈 6	4	Q235	GB97.1-85
11	螺　母 M6	4	Q235	GB6710-86
10	螺　柱 M6x18	4	Q235	GB897-88
9	螺　钉 M4x8	1	Q235	GB71-85
8	螺　母 M10	1	Q235	GB6170-86
7	调节螺杆	1	35	
6	阀　罩	1	HT 150	
5	阀　盖	1	HT 150	
4	压　盘	1	QSn6-6-3	
3	弹　簧 d=2.5 D=25 n=9	1	65Mn	
2	阀　门	1	QSn6-6-3	
1	阀　体	1	HT150	
序号	名　　称	数量	材　料	备　注

回　油　阀

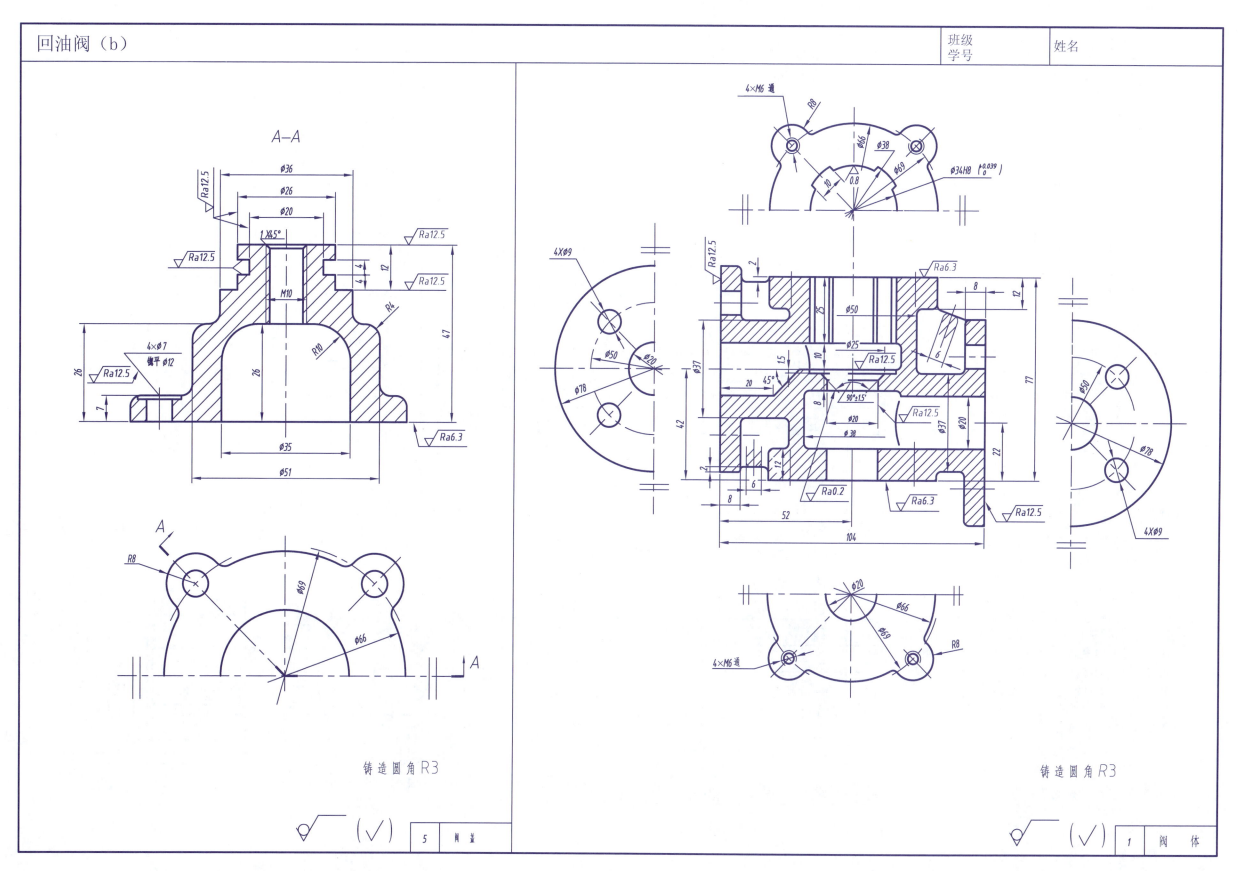

A—A

铸造圆角 R3

铸造圆角 R3

5 阀盖

1 阀体

齿轮油泵装配示意图

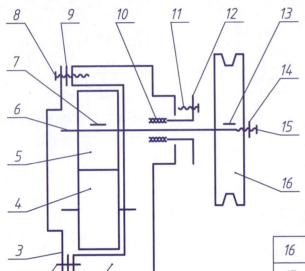

齿轮油泵工作原理

　　齿轮油泵是输送流体的一种装置，从装配示意图可知，由两组相同直径和相同齿数的齿轮(件4)和(件5)啮合，作等速反向旋转，从而将流体从泵体的一端输送至另一端。齿轮通过轴(件6)由皮带轮(件16)带动。齿轮和皮带轮与轴分别用键(件7 和件13)连接。为防止泄漏，泵体右方轴的伸出部分用填料(件10)密封，用填料压盖(件12)和螺钉(件11)压紧。泵体(件1)与泵盖(件3)用销(件2)定位，用螺钉(件8)连接，中间衬以密封垫片(件9)。皮带轮用挡圈(件14)和螺钉(件15)轴向固定。

16	皮带轮		1	HT150	
15	螺钉	M6×12	1	Q235	GB5782-86
14	挡圈	B22	1	Q235	GB892-86
13	键	5×12	1	45	GB1096-79
12	填料压盖		1	HT150	
11	螺钉	M6×20	2	Q235	GB5782-86
10	填料			油浸石棉绳	
9	垫片	δ＝1	1	石棉橡胶板	
8	螺钉	M6×16	6	Q235	GB5782-86
7	键	5×20	1	45	GB1096-79
6	轴		1	45	
5	齿轮		1	QT500-1.5	m=3,Z=14
4	齿轮轴		1	QT500-1.5	m=3,Z=14
3	泵盖		1	HT150	
2	销	B4×14	2	35	GB119-86
1	泵体		1	HT150	
序号	名　称		数量	材　料	备　注

齿 轮 油 泵

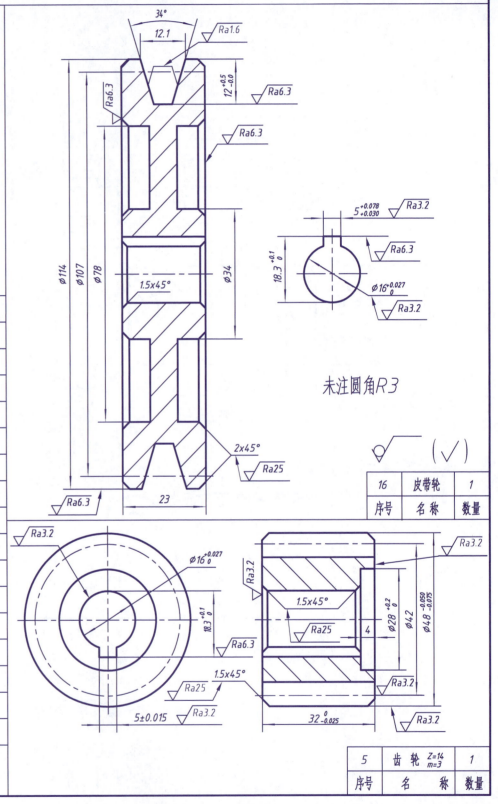

未注圆角 R3

16	皮带轮	1
序号	名　称	数量

5	齿轮	Z=14 m=3	1
序号	名　称		数量

齿轮油泵（b）

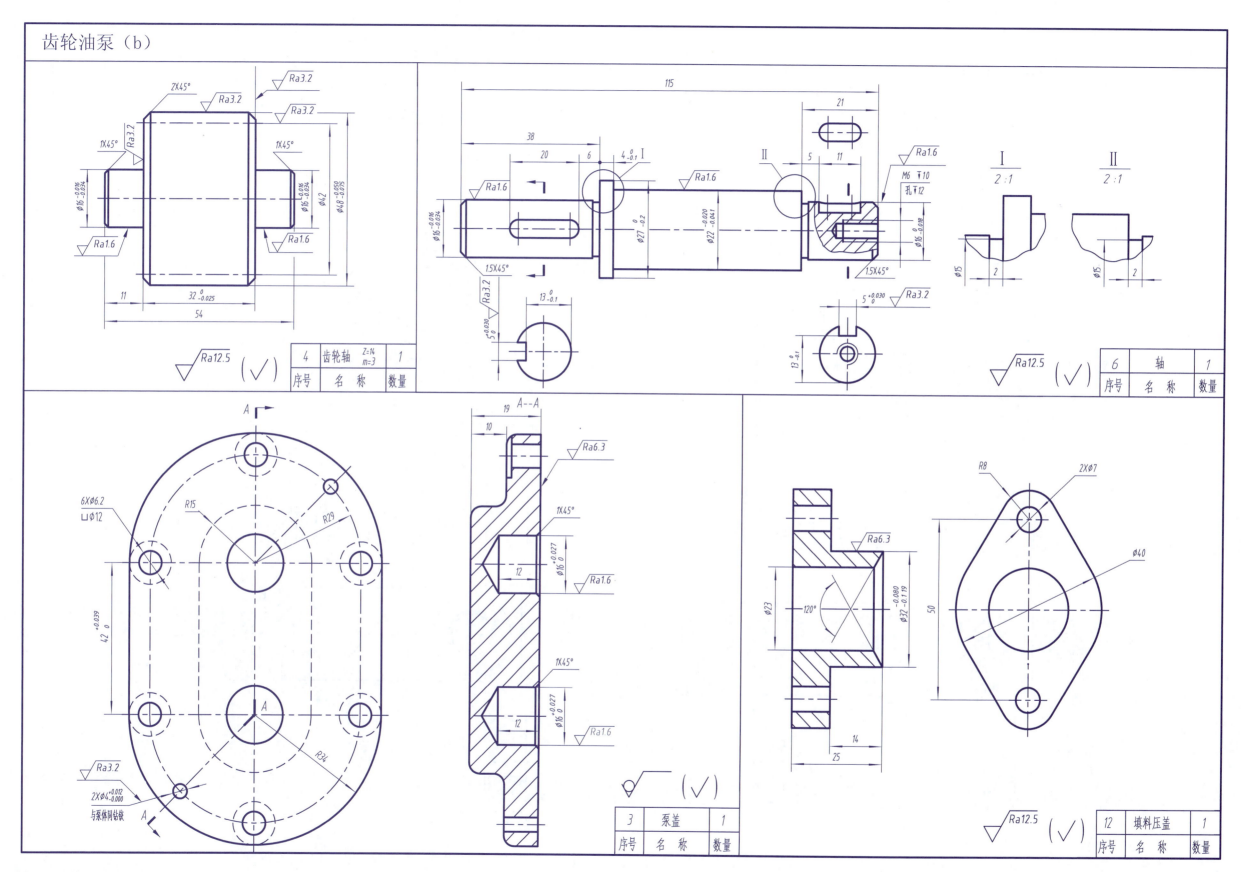

4	齿轮轴	Z=14 m=3	1
序号	名 称		数量

6	轴	1
序号	名 称	数量

3	泵盖	1
序号	名 称	数量

12	填料压盖	1
序号	名 称	数量

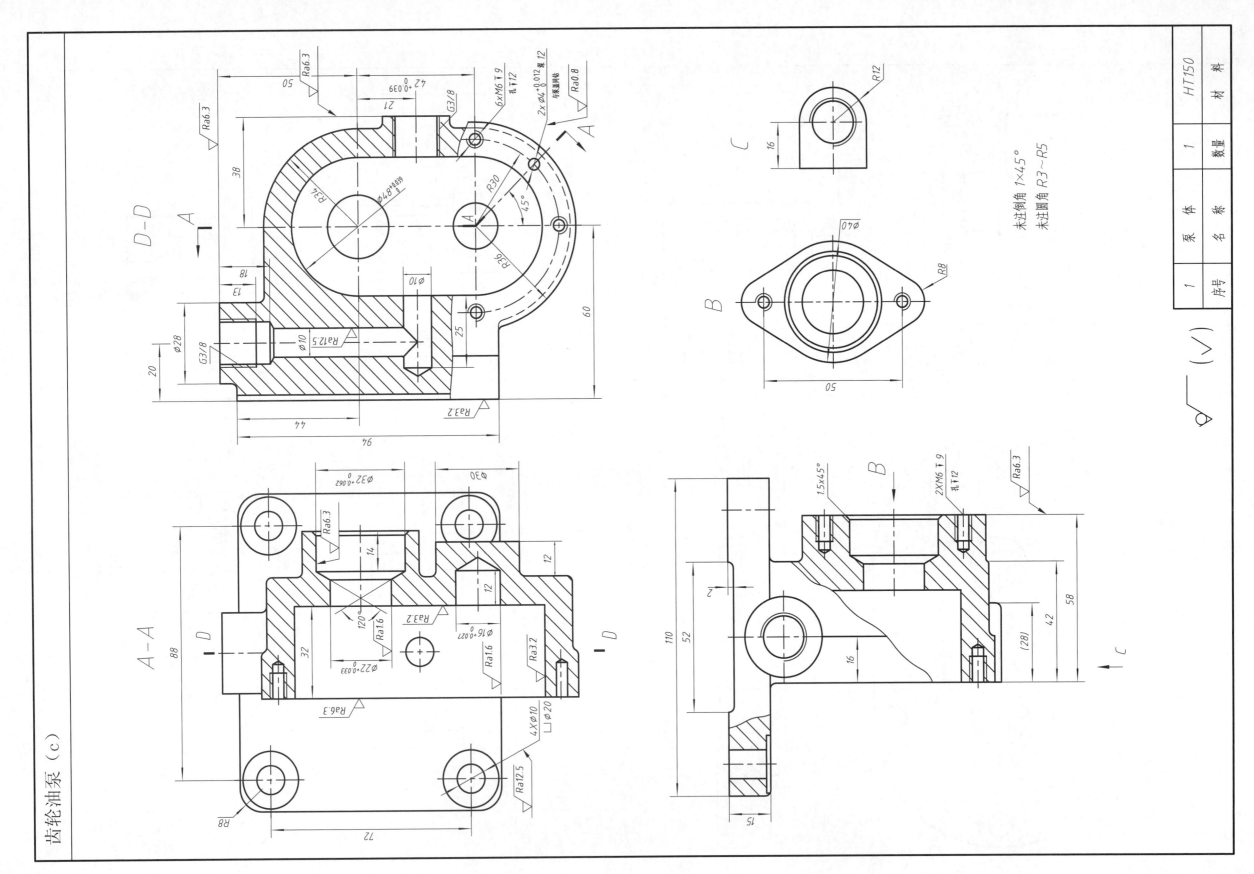

齿轮油泵 (c)

班级 学号	姓名

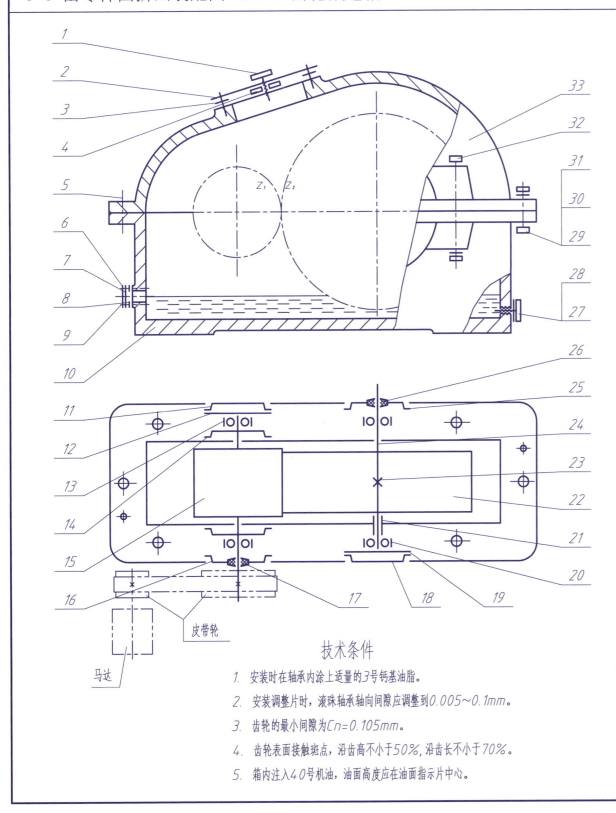

马达 皮带轮

Z_1 Z_2

齿轮减速箱结构简介

左图为一单级齿轮减速箱装配示意图。动力输入轴为15,它由电动机通过一对皮带轮带动，再通过Z1、Z2两齿轮啮合带动输出轴24，以实现减速目的。

轴15和24分别由轴承13和20支承。轴承安装时的轴向间隙由调整环12和19调整。

减速箱内的传动件均由箱内稀油经过齿轮回转时飞溅润滑。箱内油面高度可通过油面指示片7进行观察。

通气塞1是为了随时放出箱内受热后膨胀的气体。螺塞27是当需要更换箱内润滑油时排放油所用。

技术条件

1. 安装时在轴承内涂上适量的3号钙基油脂。
2. 安装调整片时，滚珠轴承轴向间隙应调整到$0.005\sim0.1$mm。
3. 齿轮的最小间隙为$Cn=0.105$mm。
4. 齿轮表面接触斑点，沿齿高不小于50%，沿齿长不小于70%。
5. 箱内注入40号机油，油面高度应在油面指示片中心。

14	挡油环		2	Q235	
13	滚动轴承	6204	2		GB276-89
12	调整环		1	Q275	
11	端盖		1	HT150	
10	箱体		1	HT200	
9	螺钉	M3x10	7	Q235	GB67-85
8	垫片		1	红纸板	
7	油面指示片		1	有机玻璃	
6	视油孔盖		1	Q235	
5	圆锥销	A4x18	2	45	GB117-86
4	螺母	M10	1	Q235	GB6170-86
3	垫片		1	石棉橡胶纸	
2	小盖		1	Q235	
1	通气塞		1	Q235	
序号	名称		数量	材料	备注

33	箱盖		1	HT200	
32	螺栓	M8x65	4	Q235	GB5782-86
31	螺母	M8	6	Q235	GB6170-86
30	垫圈	8	6	Q235	GB97.1-86
29	螺栓	M8x65	2	Q235	GB5180-86
28	垫片		1	石棉橡胶纸	
27	螺塞	M10x1	1	Q235	Q/ZB220-71
26	挡油毡圈		1	毛毡	
25	端盖		1	HT150	
24	轴		1	45	
23	平键	10x22	1	45	GB1096-79
22	齿轮		1	HT200	
21	套筒		1	15	
20	滚动轴承	6206	2		GB276-89
19	调整环		1	Q275	
18	端盖		1	HT150	
17	挡油毡圈		1	毛毡	
16	端盖		1	HT150	
15	齿轮轴		1	45	

齿轮减速箱

比例	
件数	

制图		重量		共 张 第 张
描图				
审核				

班级 学号	姓名

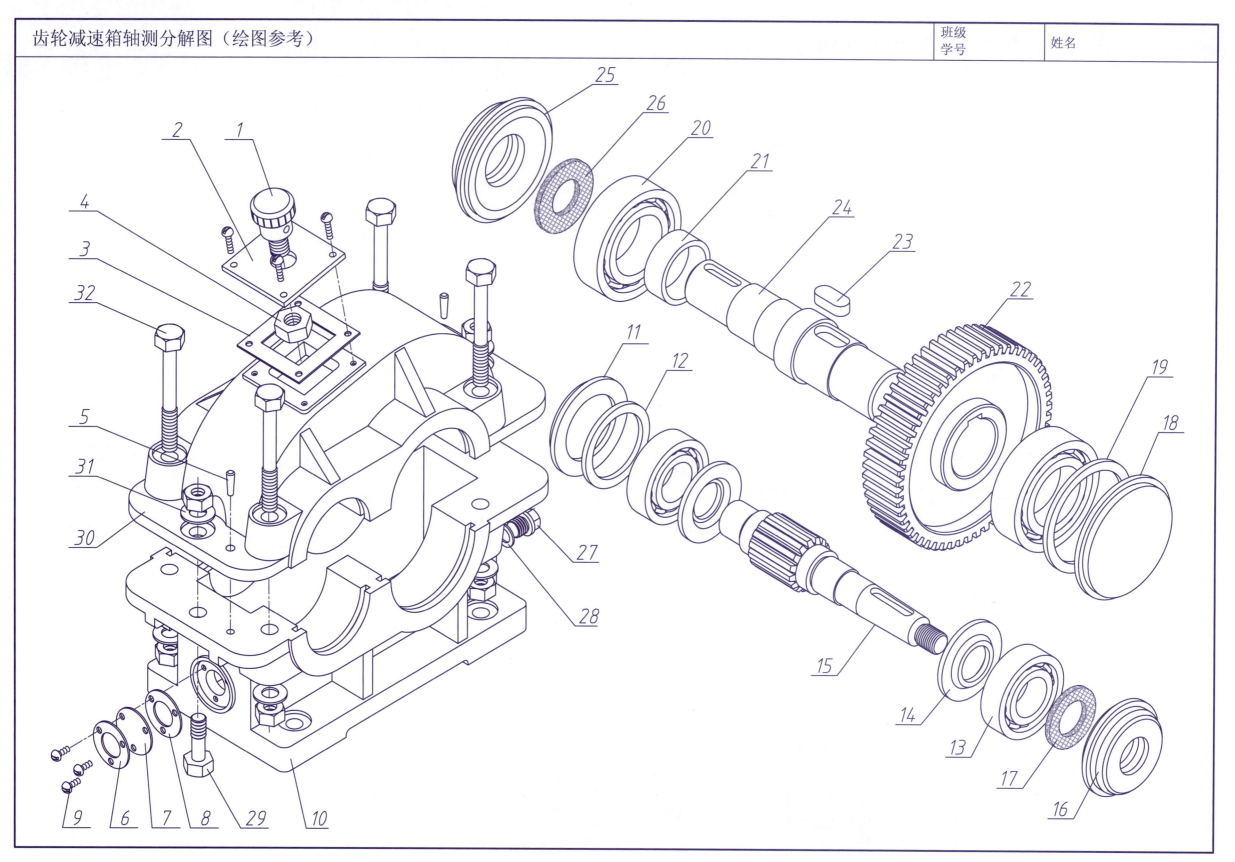

齿轮减速箱零件图（1）

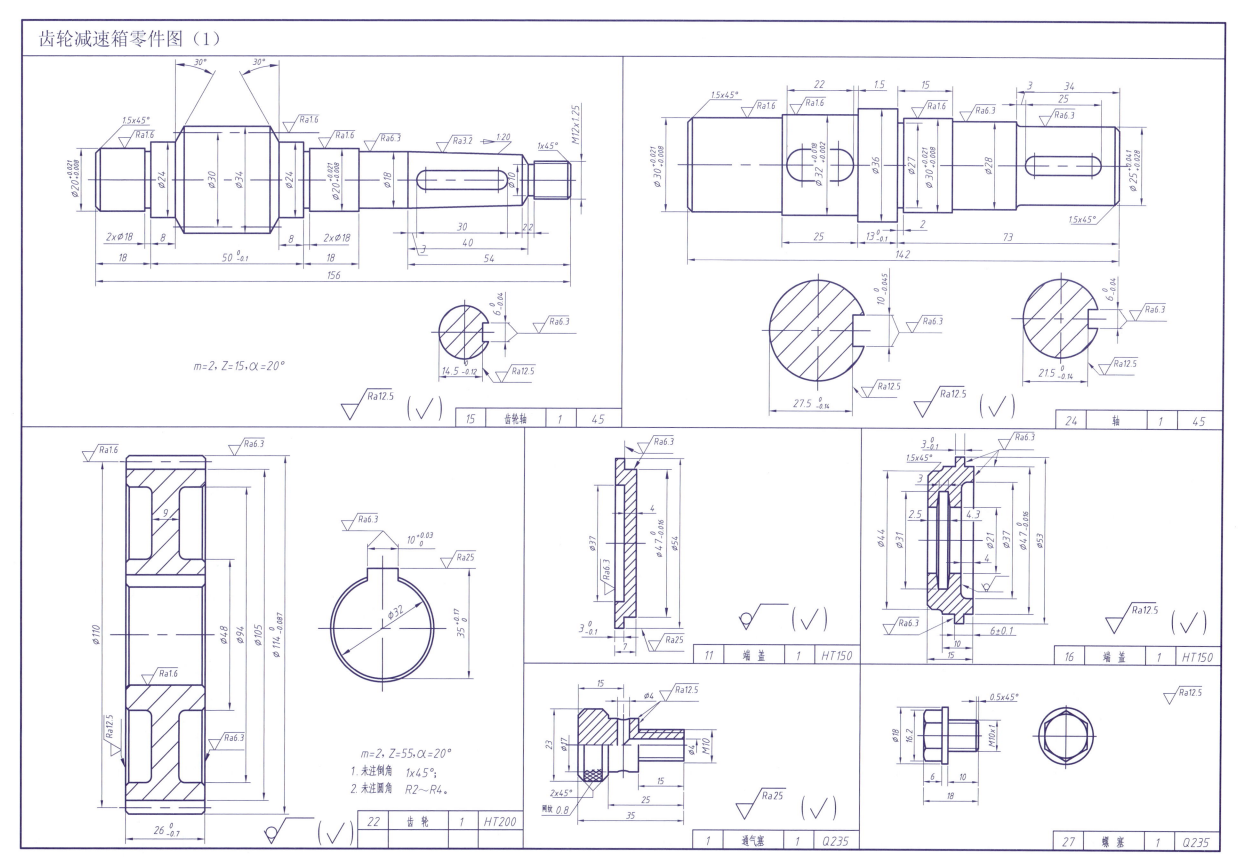

m=2, Z=15, α=20°

| 15 | 齿轮轴 | 1 | 45 |

| 24 | 轴 | 1 | 45 |

m=2, Z=55, α=20°
1. 未注倒角 1x45°;
2. 未注圆角 R2~R4。

| 22 | 齿轮 | 1 | HT200 |

| 11 | 端盖 | 1 | HT150 |

| 16 | 端盖 | 1 | HT150 |

| 1 | 通气塞 | 1 | Q235 |

| 27 | 螺塞 | 1 | Q235 |

齿轮减速箱零件图（2）

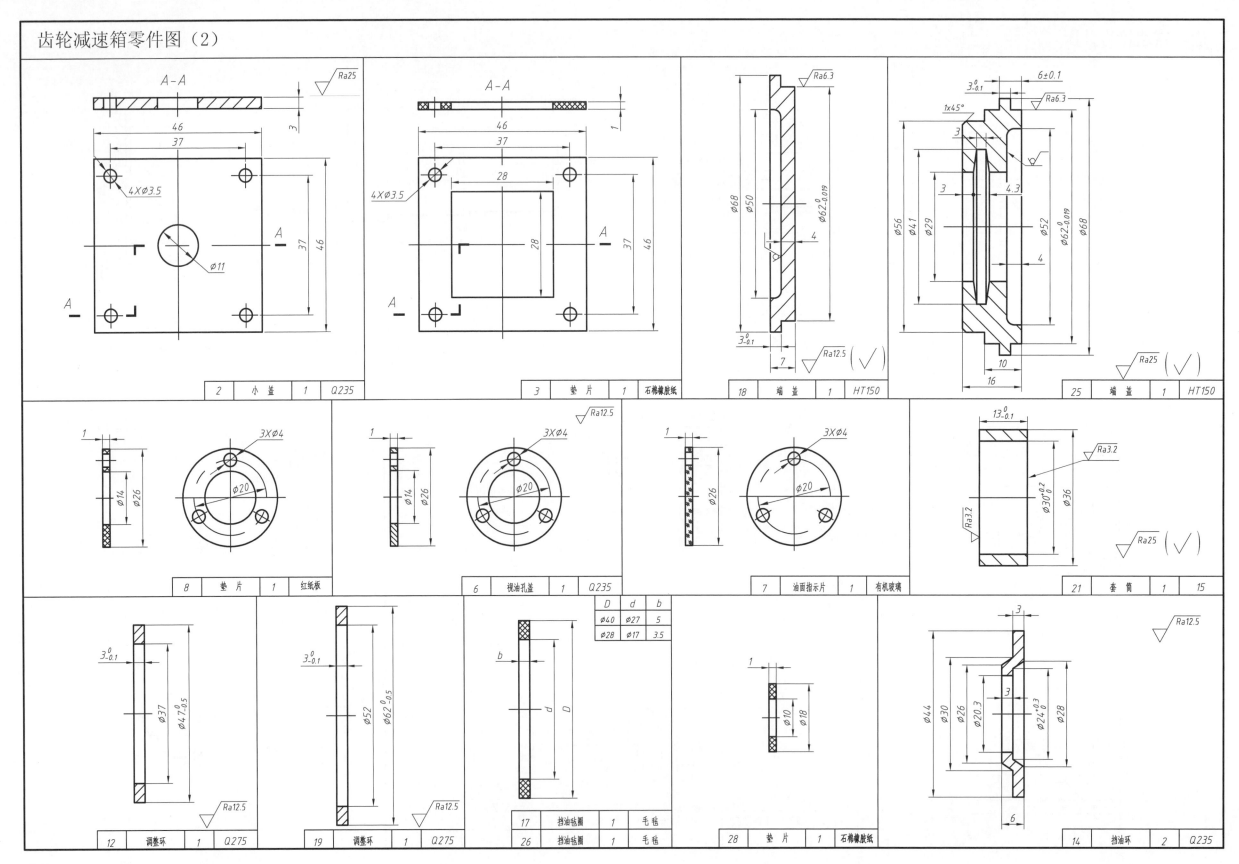

2	小 盖	1	Q235
3	垫 片	1	石棉镶胶纸
18	端 盖	1	HT150
25	端 盖	1	HT150
8	垫 片	1	红纸板
6	视油孔盖	1	Q235
7	油面指示片	1	有机玻璃
21	套 筒	1	15
12	调整环	1	Q275
19	调整环	1	Q275
17	挡油毡圈	1	毛毡
26	挡油毡圈	1	毛毡
28	垫 片	1	石棉镶胶纸
14	挡油环	2	Q235

D	d	b
Φ40	Φ27	5
Φ28	Φ17	3.5

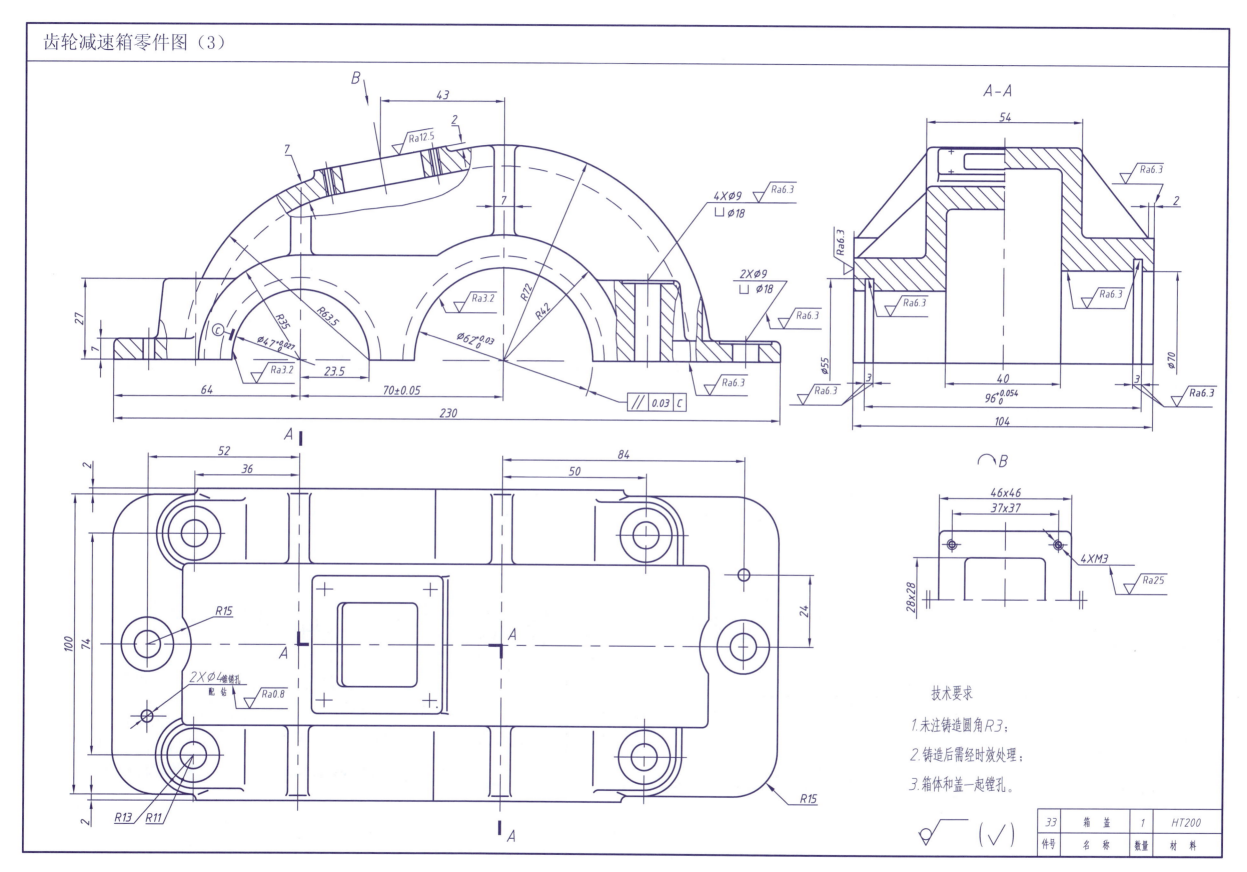

技术要求

1.未注铸造圆角R3；

2.铸造后需经时效处理；

3.箱体和盖一起镗孔。

33	箱　盖	1	HT200
件号	名　称	数量	材　料

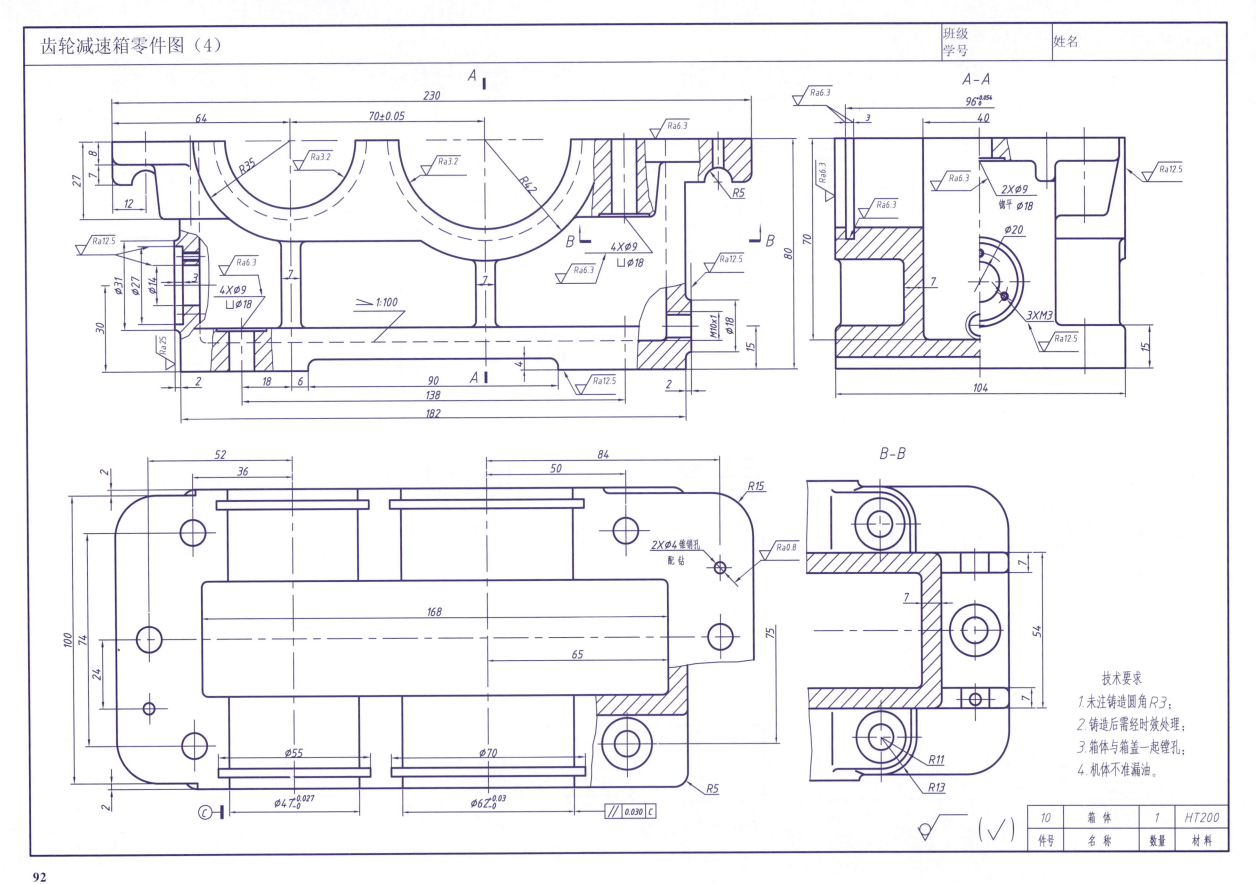

齿轮减速箱零件图（4）

技术要求
1. 未注铸造圆角R3；
2. 铸造后需经时效处理；
3. 箱体与箱盖一起镗孔；
4. 机体不准漏油。

10	箱 体	1	HT200
件号	名 称	数量	材料

92

班级		姓名	
学号			

A-A

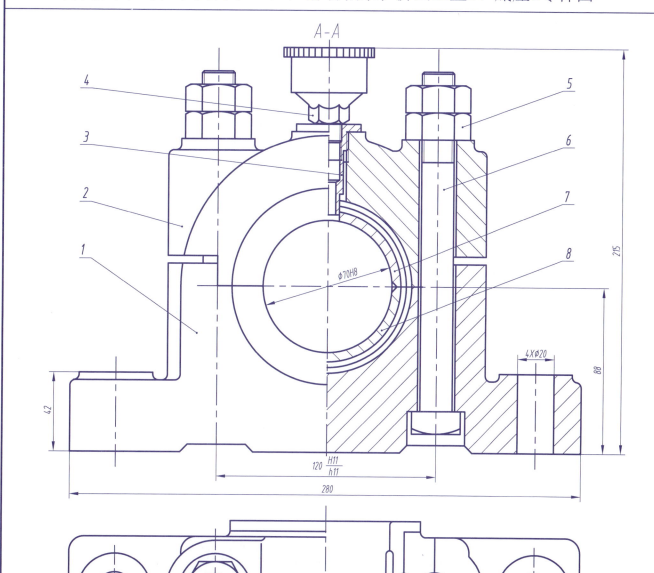

4
3
2
1

5
6
7
8

φ70H8

120 $\frac{H11}{h11}$

280

42

88

215

4X φ20

拆去4号零件

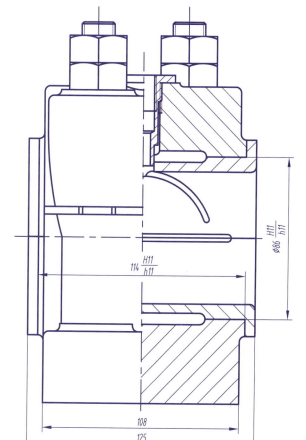

$\frac{H11}{h11}$

114 $\frac{H11}{h11}$

108

125

φ86

50

A   A
A   A

230

滑动轴承结构简介

滑动轴承是用来支承轴颈的部件。轴在轴瓦内旋转。

图示型式是普通剖分式滑动轴承。它由轴承盖、轴承座、轴瓦、螺栓、油杯等组成。轴承上直接和轴颈接触的零件是轴瓦。轴瓦剖分为上下两块，分别嵌在轴承盖和轴承座上，盖和座用螺栓和螺母连接，其剖分面是水平的且呈阶梯形，以便定位和防止工作时错动。润滑油由油杯而下，通过轴承盖和上轴瓦的油孔流进轴承间隙中，在上轴瓦内壁表面上开有油槽，使润滑油输流到轴颈全长上。

8	下 轴 瓦	1	ZQSn5-5-5	
7	上 轴 瓦	1	ZQSn5-5-5	
6	螺栓 M18X180	4	Q235	GB T8—88
5	螺 母 M18	8	Q235	GB 6170—86
4	油 杯 A-25	1		GB 1154—79
3	套	1	Q235	
2	上 盖	1	HT 150	
1	底 座	1	HT 150	
序号	名 称	数量	材 料	备 注

滑 动 轴 承

班级		姓名
学号		

1. 该装配体的名称是_____，由____个零件组成，其中有____种，共____个标准件。

2. 该装配体共用了____个图形来表达，其中主视图作了____，俯视图作了____，左视图作了____，B为____，I是螺纹部分的_____图，还有一个是____。

3. 螺杆（件8）右端带☒部分表示该部分是____面，做成此形状的原因是____。

4. 图中0-70属于_____尺寸，116属于_____尺寸，210、146和60是_____尺寸，$\phi 22\frac{H8}{f7}$是_____尺寸。

5. $\phi 16\frac{H8}{f8}$是件____和件____的____尺寸，其中$\phi 16$是_____尺寸，H8是____，f8是_____，它们属于_____制的_____配合。

6. 件2钳口板和件4活动钳身是通过____号零件而连接在一起的，该零件共有__个。

7. 件8螺杆旋转时，件4活动钳身作____运动，其作用是____。

8. 要拆下件9传动螺母，上面要旋出件____零件____，下面要先拔出件____，再旋出件____，才能实现。

9. 分别拆画件1固定钳身、件4活动钳身、件8螺杆和件9传动螺母的零件图。

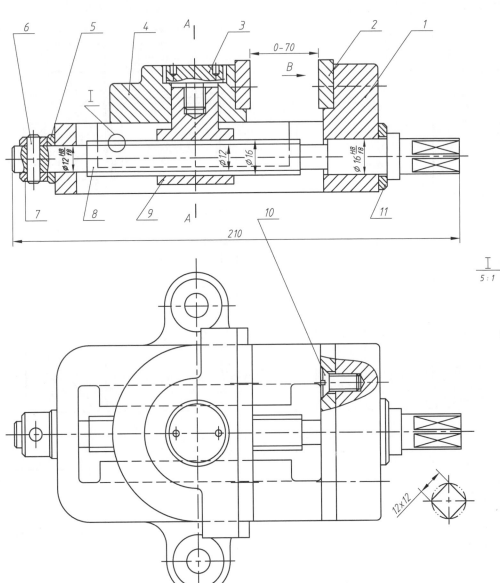

虎钳工作原理

虎钳是起夹紧工件进行其他加工的一种夹具。

钳口板2是通过螺钉10，固紧在固定钳身1和活动钳身4上，当用手柄旋转螺杆8后，由于螺旋副作用使得螺母9及活动钳身4等作轴向移动，从而起到夹紧或放松工件的作用。（最大活动范围70mm）

11	垫圈	1	Q235	
10	螺钉 M8X18	4	Q235	GB68-85
9	传动螺母	1	Q235	
8	螺杆	1	45	
7	环	1	Q235	
6	销 A4X20	1	35	GB117-85
5	垫圈	1	Q235	
4	活动钳身	1	HT150	
3	连接螺钉	1	Q235	
2	钳口板	2	45	
1	固定钳身	1	HT150	
序号	名　　称	数量	材　料	备　注

虎　钳	上海工程技术大学

班级 学号		姓名	

1. 折角阀由＿＿＿个零件组成，其中标准件有＿＿＿个。

2. 折角阀的主视图采用了＿＿＿＿＿＿＿＿画法，
   其中扳手（件5）采用了＿＿＿＿画法。

3. 俯视图中的双点划线是一种＿＿＿＿画法，表示
   ＿＿＿＿＿＿。

4. 图中的B-B是＿＿＿＿图，主要表达＿＿＿
   ＿＿＿＿。

5. C向是＿＿＿图，表示＿＿＿＿＿。件2C
   图形中两个小圆孔结构的作用是＿＿＿＿。

6. 螺塞（件2）与阀座（件1）是＿＿＿＿联接，扳
   手（件5）与阀芯（件4）是＿＿＿＿联接。

7. 解释 $\phi18\frac{H8}{m7}$ 的含义：＿＿＿＿＿＿
   ＿＿＿。

8. 图中G1/2是＿＿＿尺寸，$\phi142$是＿＿＿尺寸，
   205是＿＿＿尺寸，$\phi18\frac{H8}{m7}$ 是＿＿＿尺寸。

9. 拆画阀体（件1）、扳手（件5）零件图。

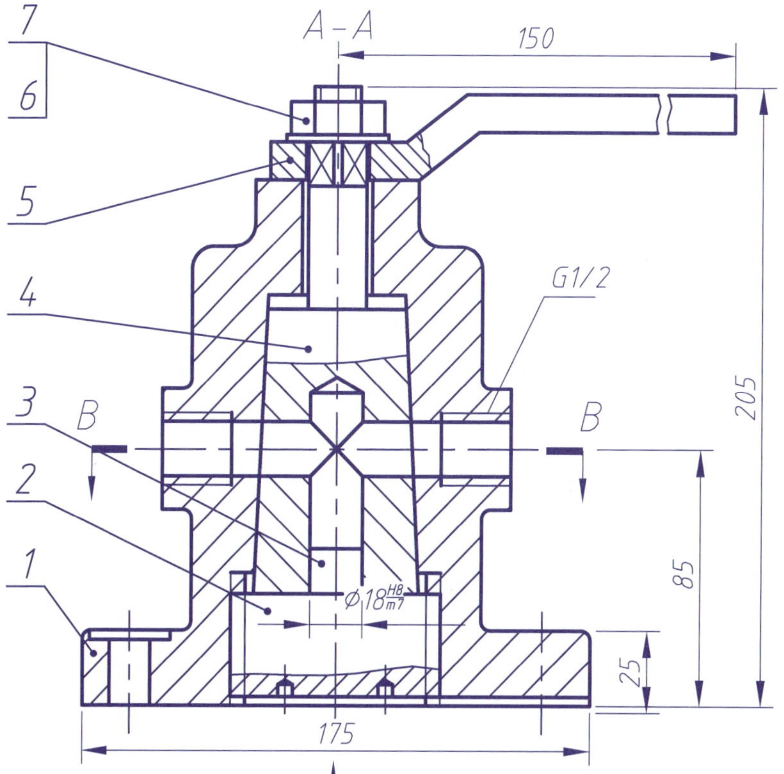

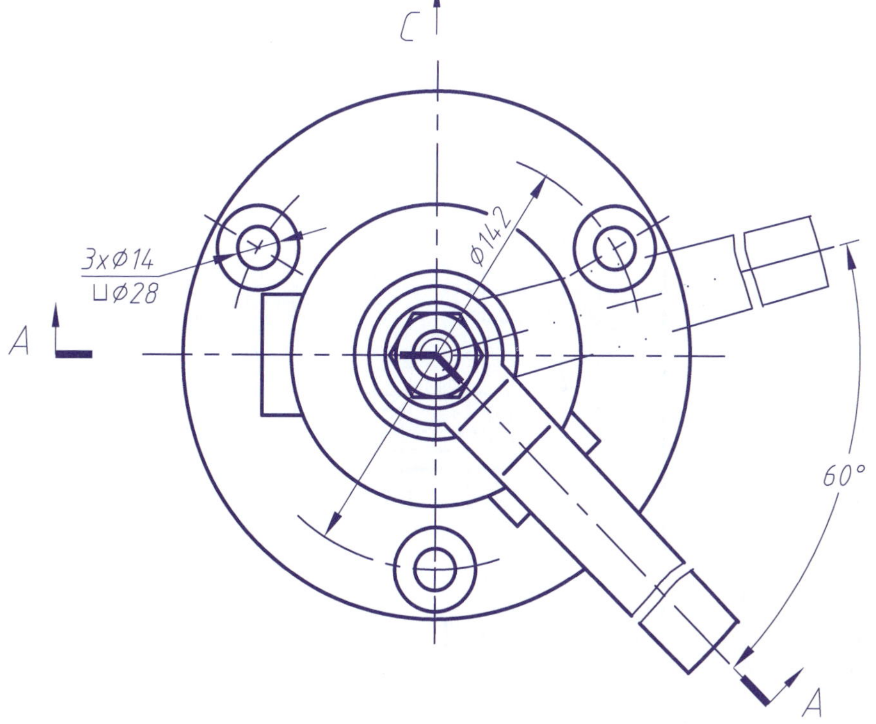

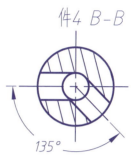

件4 B-B

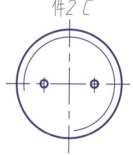

件2 C

技术要求

件4阀芯与件1阀座的锥面须配合研磨。

A-A

150

G1/2

205

85

25

$\phi18\frac{H8}{m7}$

175

3xØ14
⌴Ø28

Ø142

60°

135°

7	螺 母	1		GB41-86
6	垫 圈	1		GB93-87
5	扳 手	1	HT200	
4	阀 芯	1	ZCuSn5Pb5Zn5	
3	堵 头	1	Q235	
2	螺 塞	1	Q235	
1	阀 座	1	HT200	
序号	名 称	件数	材 料	备 注

折角阀		比例	1:2.5	
		件数		
制图		重量		共 张 第 张
描图				
审核				

班级		姓名	
学号			

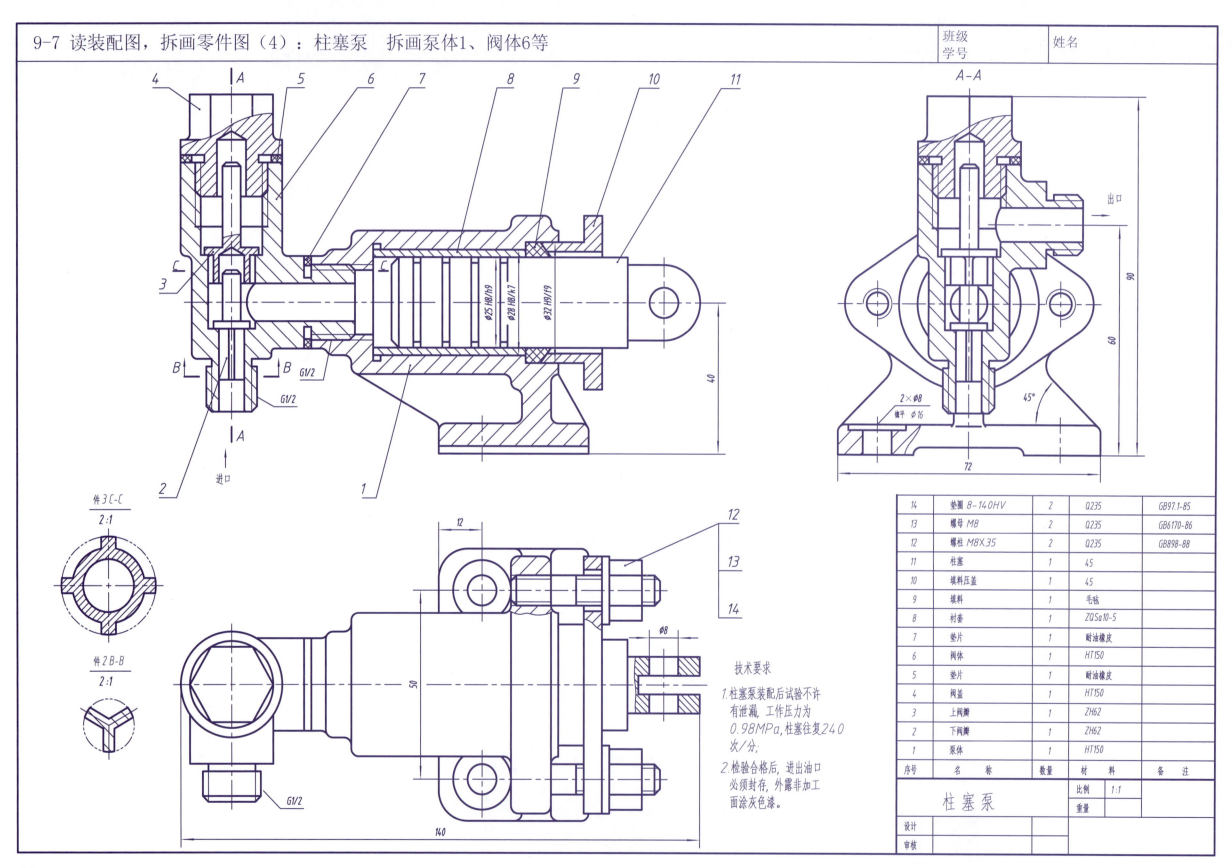

件3 C-C
2:1

件2 B-B
2:1

技术要求

1. 柱塞泵装配后试验不许有泄漏，工作压力为 0.98MPa，柱塞往复240次/分；

2. 检验合格后，进出油口必须封存，外露非加工面涂灰色漆。

14	垫圈 8-140HV	2	Q235	GB97.1-85
13	螺母 M8	2	Q235	GB6170-86
12	螺柱 M8×35	2	Q235	GB898-88
11	柱塞	1	45	
10	填料压盖	1	45	
9	填料	1	毛毡	
8	衬套	1	ZQSa10-5	
7	垫片	1	耐油橡皮	
6	阀体	1	HT150	
5	垫片	1	耐油橡皮	
4	阀盖	1	HT150	
3	上阀瓣	1	ZH62	
2	下阀瓣	1	ZH62	
1	泵体	1	HT150	
序号	名　称	数量	材　料	备　注

柱 塞 泵		比例	1:1
		重量	
设计			
审核			

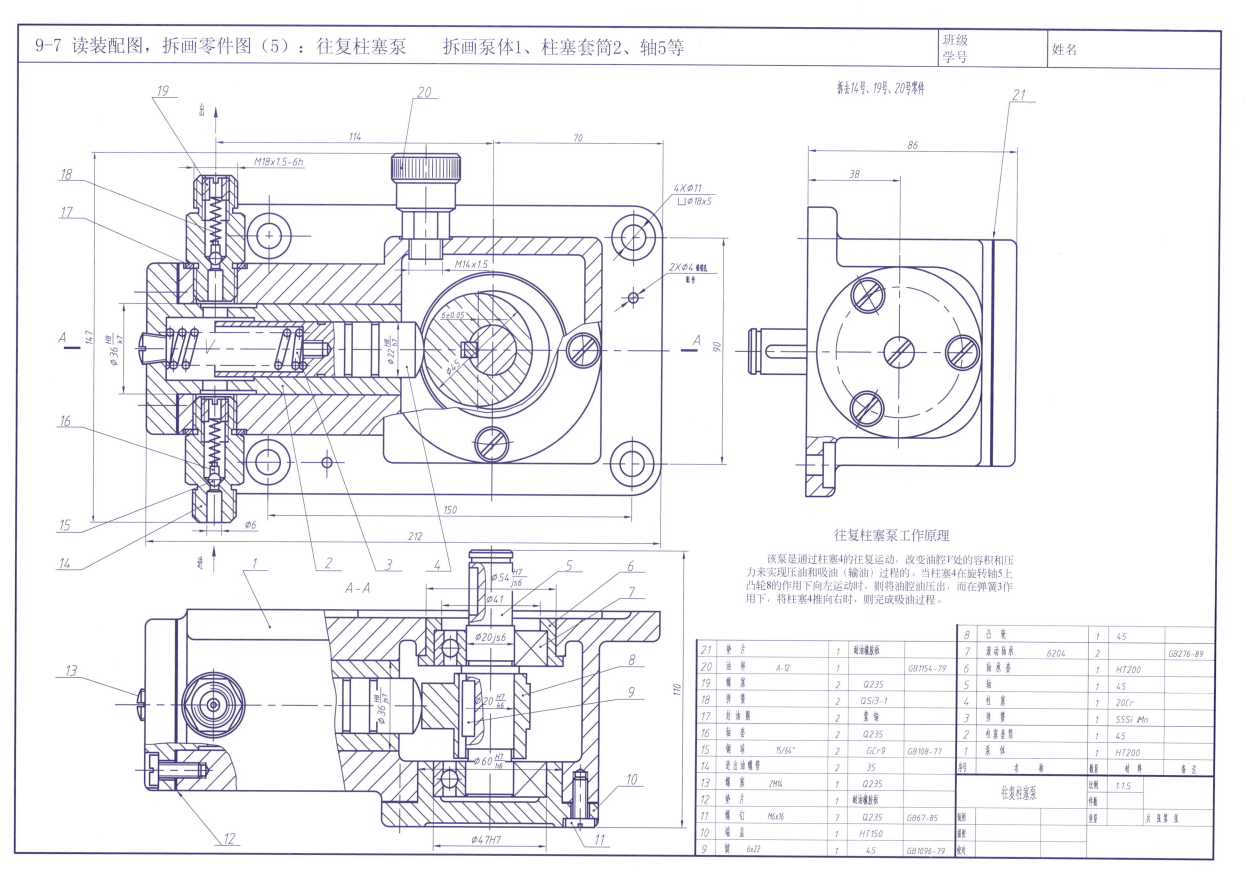

| 班级
学号 | | 姓名 | |

拆去14号、19号、20号零件

往复柱塞泵工作原理

该泵是通过柱塞4的往复运动，改变油腔油V处的容积和压力来实现压油和吸油（输油）过程的。当柱塞4在旋转轴5上凸轮8的作用下向左运动时，则将油腔油压出，而在弹簧3作用下，将柱塞4推向右时，则完成吸油过程。

21	垫 片		1	耐油橡胶板		8	凸 轮		1	45	
20	油 杯	A-12	1	GB1154-79		7	滚动轴承	6204	2		GB276-89
19	螺 塞		2	Q235		6	轴承套		1	HT200	
18	弹 簧		2	QSi3-1		5	轴		1	45	
17	封油圈		2	紫铜		4	柱 塞		1	20Cr	
16	轴 套		2	Q235		3	弹 簧		1	55Si Mn	
15	钢 球	15/64"	2	GCr9	GB108-77	2	柱塞套筒		1	45	
14	进出油螺管		2	35		1	泵 体		1	HT200	
13	螺 塞	ZM14	1	Q235		序号	名 称	数量	材 料		备 注
12	垫 片		1	耐油橡胶板							
11	螺 钉	M6x16	7	Q235	GB67-85	往复柱塞泵		比例	1:1.5		
10	端 盖		1	HT150				件数			
9	键	6x22	1	45	GB1096-79	制图					

A-A

A — A

M18x1.5-6h

M14x1.5

4×Ø11
□Ø18x5

2×Ø4 销孔
配件

6±0.05

Ø47H7

Ø54 H7/js6

Ø41

Ø20js6

Ø36 H8/js7

Ø20 H7/k6

Ø60 H7/h6

班级 学号	姓名

第10章 计算机绘图

1. 直线与相对坐标练习。

2. 对象捕捉练习。

3. 多段线。

4. 常用绘图与编辑命令练习。

5. 圆弧连接练习(首先分析图形中哪些元素为已知，哪些是需要求作的，先画出已知元素)。

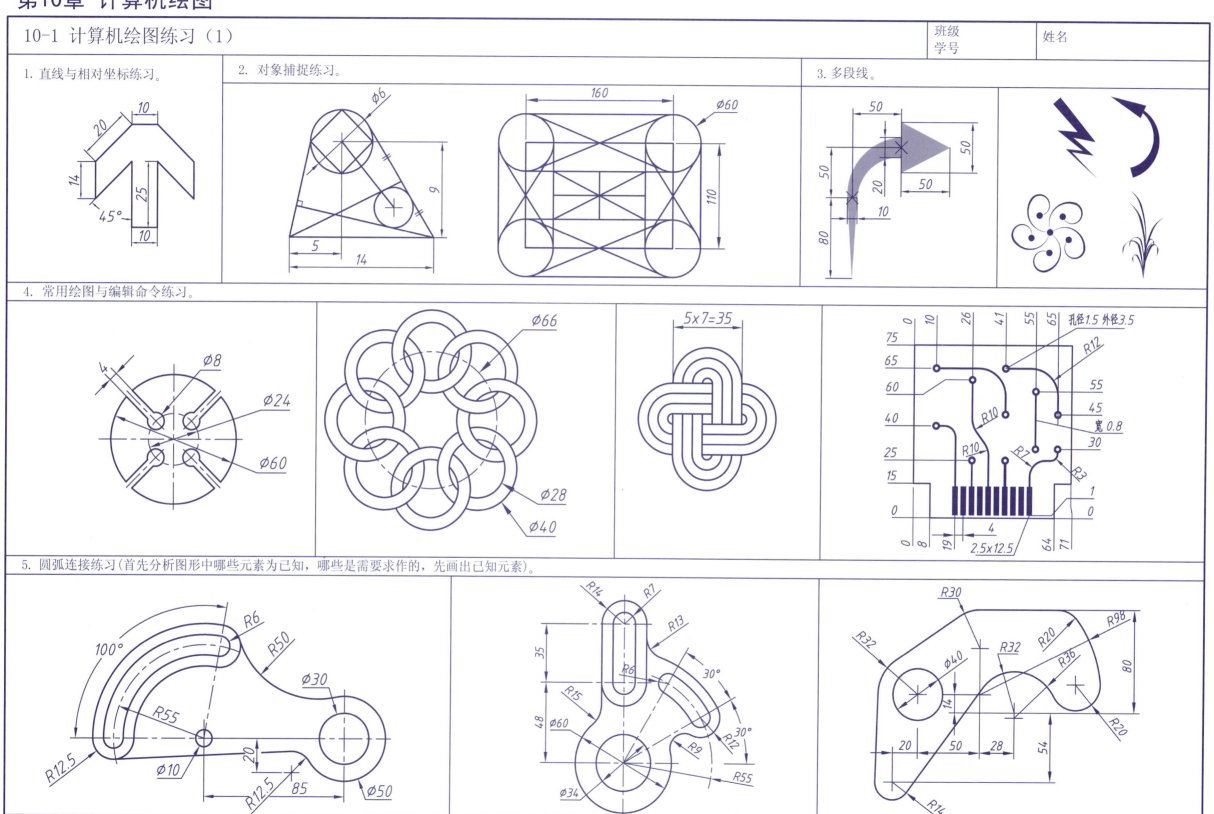

班级
学号
姓名

6. 零件图。

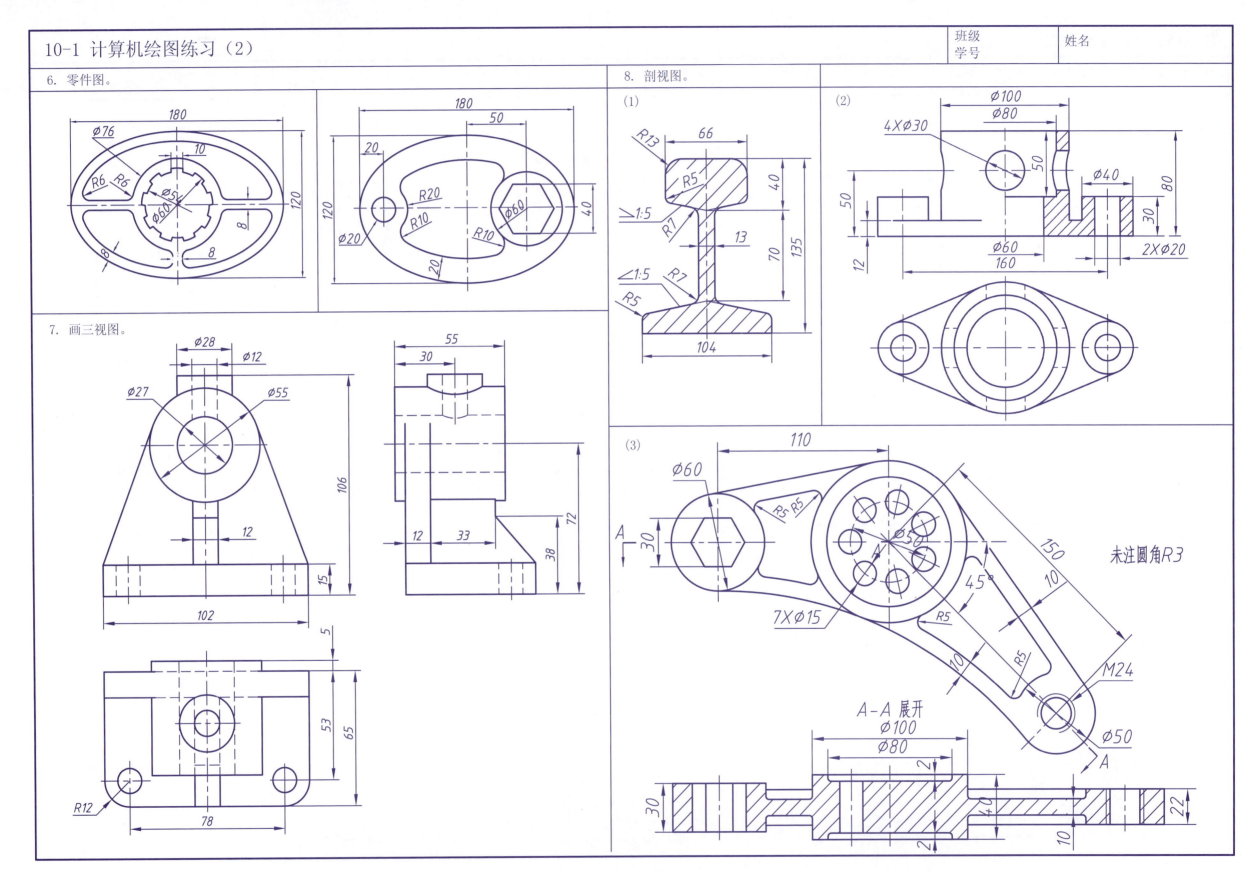

7. 画三视图。

8. 剖视图。

(1)

(2)

(3)

未注圆角R3

A-A 展开

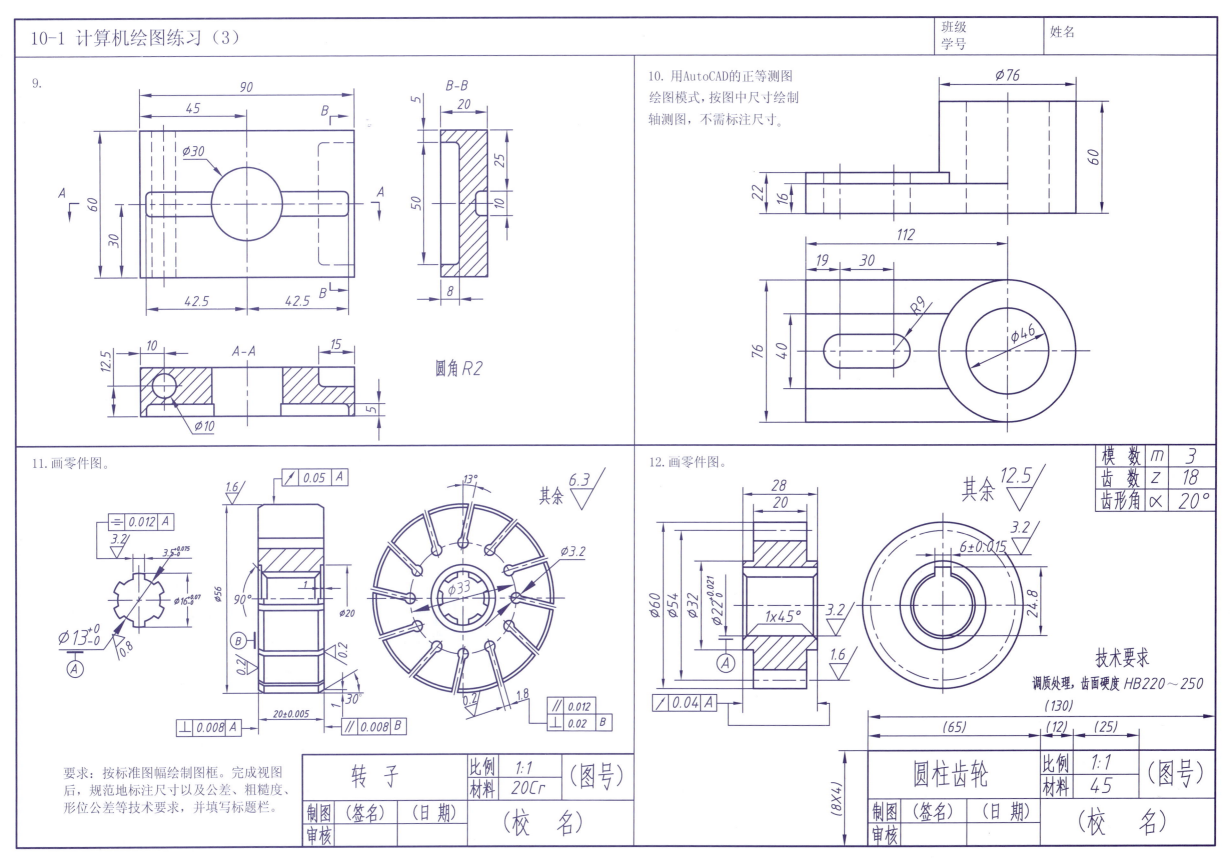

9.

圆角 R2

10. 用AutoCAD的正等测图绘图模式，按图中尺寸绘制轴测图，不需标注尺寸。

11. 画零件图。

其余 6.3

要求：按标准图幅绘制图框。完成视图后，规范地标注尺寸以及公差、粗糙度、形位公差等技术要求，并填写标题栏。

转 子	比例	1:1	（图号）
	材料	20Cr	
制图	（签名）	（日期）	（校 名）
审核			

12. 画零件图。

其余 12.5

模 数	m	3
齿 数	z	18
齿形角	∝	20°

技术要求

调质处理，齿面硬度 HB220～250

圆柱齿轮	比例	1:1	（图号）
	材料	45	
制图	（签名）	（日期）	（校 名）
审核			

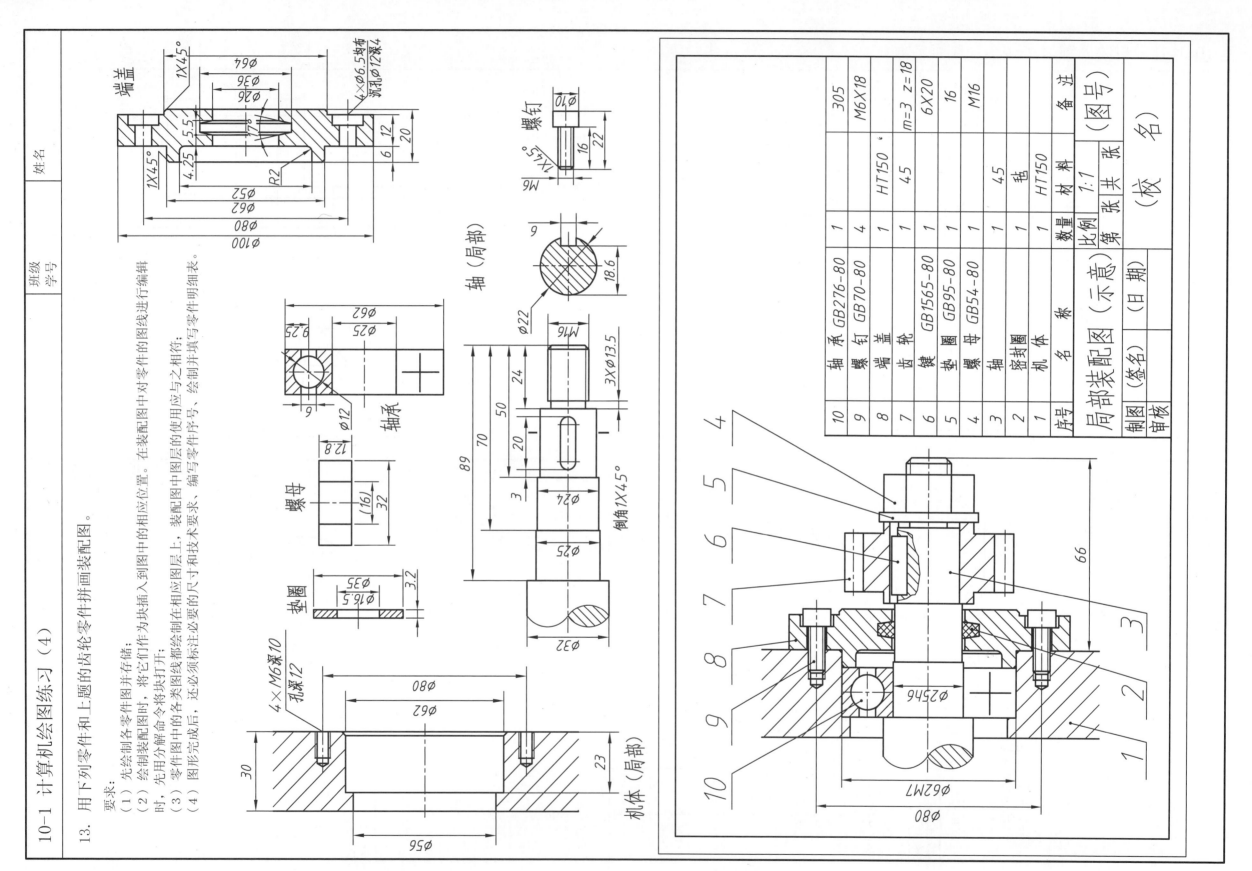

10-1 计算机绘图练习（4）

13. 用下列零件和上题的齿轮零件拼画装配图。

要求：
（1）先绘制各零件图并存储；
（2）绘制装配图时，将它们作为图块插入到图中的相应位置。在装配图中对零件的图线进行编辑时，先用分解命令将图块打开；
（3）零件图中的各类图线都绘制在相应图层上，装配图中图层的使用应与之相符；编写零件序号，绘制并填写零件明细表。
（4）图形完成后，还必须标注必要的尺寸和技术要求。

端盖

轴承

螺母

垫圈

机体（局部）

轴（局部）

螺钉

10	轴承	GB276-80	1		305
9	螺钉	GB70-80	4		M6×18
8	端盖		1	HT150	
7	齿轮		1	45	m=3 z=18
6	键	GB1565-80	1		6×20
5	垫圈	GB95-80	1		16
4	螺母	GB54-80	1		M16
3	轴		1	45	
2	密封圈		1	毡	
1	机体		1	HT150	
序号	名 称		数量	材 料	备 注
局部装配图（示意）				比例 1:1	（图号）
制图				第 张 共 张	
（签名）				（校 名）	
审核				（日 期）	

102